Kurt Floericke

Meeresfische

Kurt Floericke

Meeresfische

ISBN/EAN: 9783955621353

Auflage: 1

Erscheinungsjahr: 2013

Erscheinungsort: Bremen, Deutschland

bremen
university
press

Meeresfische

Von

Dr. Kurt Floericke

Mit zahlreichen Abbildungen nach Original-aufnahmen und Zeichnungen von Oberlehrer W. Koehler, Fr. Ward, R. Oeffinger u. a. und einem Umschlagbild von Willy Planck

Furchtbar zugleich und fruchtbar ist das Meer. Mit heiliger Scheu erfüllt uns der endlose Ozean, wenn er, aufgewühlt und aufgepeitscht von heulenden Sturmwinden, tobend und brausend hohe, weißgekrönte Wogenkämme wie eine finstere, verderbenbringende Todesmauer zum Lande wälzt, Leichen auf seinem Rücken trägt und alles Lebende mit wuchtigem Wellenschlag zu vernichten droht; mit andächtiger Bewunderung aber, wenn er sich wieder besänftigt hat, wenn an der nur leicht gekräuselten, sanft und ruhig atmenden Oberfläche im glitzernden Sonnenschein Scharen silberner Fischlein in übermütigem Spiel sich tummeln und das kristallklare Wasser an felsiger Küste ungeahnte Einblicke tun läßt in die Tiefe mit ihrem so eigenartigen, geheimnisvollen, mannigfaltigen Weben und Leben; mit warmer Liebe endlich, wenn wir gedenken, wie unendlich viel von jeher der reiche Ozean beigetragen hat, die menschlichen Bewohner des Erdballs zu ernähren, die entlegensten Völker mit einander zu verbinden, ihnen einen leichten und bequemen Austausch ihrer Erzeugnisse zu ermöglichen, ihre Phantasie zu befruchten und ihre künstlerische Schaffenskraft anzuregen. Neptun gebietet über das weiteste und ausgedehnteste Reich auf unserem Planeten, und die Zahl und Mannigfaltigkeit der seinem strengen Szepter unterstehenden Tierwelt, ihre grotesken Formen, ihre erstaunliche Fruchtbarkeit und ihre weitgehenden biologischen Anpassungen an die Eigenart der verschiedenen Meeresteile finden auf dem Festlande kaum ihresgleichen. Voll ungeahnter Wunder ist des Meeres dunkler Schoß, aber nur langsam und zögernd enthüllen sie sich dem rastlos forschenden Menschengeiste. Kaum vermag unser Auge die verwirrende Fülle der Erscheinungen noch zu überschauen. Führen doch allein an 10000 Fischarten in all den Erdenmeeren ein unseren Blicken mehr oder minder verborgenes Dasein. Gerade dieser Umstand erscheint in hohem Maße geeignet, unsere Kenntnis von den Lebensgewohnheiten der Seefische zu erschweren; so sehr sie auch während der letzten Jahrzehnte durch die überraschenden Fortschritte der Meeresforschung gefördert worden ist, so wenig ist doch ausführlichere Kunde davon in die große Masse der heutigen Kulturmenschheit gedrungen, wenn auch anderseits die Fischerbevölkerung der Küstenländer schon im eigensten Lebensinteresse geradezu gezwungen war, praktische Fischkunde zu lernen. Aber wie viele sonst hoch gebildete Bewohner des Binnenlandes gibt es doch, die selbst die allergewöhnlichsten Seefische lediglich von genossenen Tafelfreuden oder aus den Bottichen der Marktweiber her kennen, von ihrer merkwürdigen Lebensführung dagegen kaum mehr wissen als von der hochinteressanten Art und Weise ihrer Erbeutung. Und doch ist diese von tief einschneidender Bedeutung nicht nur für das gesamte Wirtschaftsleben unserer Küstenprovinzen, sondern auch für die Fleischversorgung unseres gesamten Vaterlandes, da bei den ständig steigenden Schlachtviehpreisen einerseits und den erheblich verbesserten Transportmitteln anderseits (selbst aus Westafrika bringt man neuerdings in Kühlkammern oder auf Schneelagern in 23tägiger Fahrt Plattfische und Seehechte in vollkommen gebrauchsfrischem Zustande nach Paris) der Verbrauch von Seefischfleisch auch im Binnenlande eine fortwährend zunehmende Wichtigkeit erhält.

Die deutsche Hochseefischerei, die jetzt zumeist mit eigens dazu ausgerüsteten, besonders seetüchtigen Fischdampfern betrieben wird, ist denn auch in erfreulicher Aufwärtsentwicklung begriffen, obgleich es noch lange dauern wird, bis sie den ungeheuren Vorsprung, den namentlich die Engländer auf diesem Gebiete besitzen, einigermaßen wettgemacht haben wird. Sie beschäftigt über 30 000 wettergestählte Männer, die in ihrem gefahrvollen und anstrengenden Berufe für den Ausbau eines Gewerbszweiges kämpfen, dessen ungeheure volkswirtschaftliche Bedeutung für Deutschland lange genug verkannt worden ist und auch jetzt noch nicht ganz die ihm gebührende Wertschätzung findet. Der Wert der ans Land gebrachten Fische belief sich im Jahre 1908 auf rund 29 Millionen Mark, aber trotzdem konnten von unseren 11 Fischereigesellschaften nur 4 eine Dividende zahlen (die Emdener Heringsfischerei 7 %), ein Zeichen, daß die gesamte Organisation noch sehr in den Kinderschuhen steckt. Der Staat tut alles, um sie zu heben und bewilligte allein 400 000 M an Bauprämien für Fischereifahrzeuge, während anderseits die Wissenschaft mit den wertvollen Ergebnissen ihrer Forschungen der Fischerei zu Hilfe kommt, überhaupt gerade auf diesem Gebiet ein inniger und sehr vorteilhafter Wechselverkehr zwischen Wissenschaft und Praxis besteht, der beiden in hohem Maße zum Vorteil gereicht. Wie weit bei guten Vorkehrungen die Erträge der Seefischerei gesteigert werden können, ersieht man aus der englischen Statistik. An den dortigen Küsten wurden beispielsweise im Jahre 1906 20½ Millionen Zentner Fische erbeutet und daraus 11,326 Millionen Pfd. St. erzielt. Die neuesten Errungenschaften der Technik kommen dort wie auch in Norwegen beim Fischfang zur Verwendung. Selbst das Telephon. Der hierbei benutzte Apparat besteht aus einem zur Aufnahme des Schalles dienenden Mikrophon, das in einer wasserdichten Stahlkapsel eingeschlossen und durch Leitungsdrähte ständig mit einem telephonischen Empfänger an Bord des Fangschiffes verbunden ist. Durch diese Vorrichtung werden die Fischer frühzeitig von dem Herannahen und der Richtung der großen Fischzüge in Kenntnis gesetzt, können auch gleich auf deren Art schließen, indem z. B. Heringe durch pfeifende, Dorsche durch grunzende Geräusche sich verraten. Hervorgerufen werden diese wahrscheinlich durch die unablässige Bewegung von Millionen von Flossen und Kiemen im Wasser. Leider ist unsere Seefischerei trotz aller Anstrengungen noch nicht imstande, den Eigenbedarf unseres Volkes an Fischfleisch zu decken. Noch müssen wir für nahezu 120 Millionen jährlich vom Ausland beziehen, während unsere Ausfuhr noch nicht 12 Millionen beträgt. Unter den eingeführten Fischen stehen obenan gesalzene Heringe mit 36,5, Bücklinge mit 2,3, Kaviar mit 9,5, Lachse mit 7,25, Sardellen mit 1,75 und frische Karpfen mit 1,8 Millionen Mark. Dabei nimmt in unserer Zeit der Fleischteuerung die Nachfrage nach Seefisch noch fortwährend zu, namentlich seit das frühere Vorurteil der Binnenländer gegen diese Kost zu schwinden beginnt, wenn auch leider nur sehr langsam und allmählich. Viel dazu beigetragen hat die Abhaltung von Seefisch-Kochkursen und die planvolle Organisierung des Fischverkaufs in den städtischen Markthallen. So wurden allein in Berlin vom Oktober 1911 bis Februar 1912 rund 230 000 kg frische Seefische durch die städtischen Verkaufsstellen abgesetzt. Im Vergleiche zu der Statistik des Pariser Fischmarktes erscheint diese Zahl freilich noch recht geringfügig. Dort kommen während der kühlen Jahreszeit Tag für Tag 110—115 000 kg Meeresbewohner in die städtischen Markthallen, wobei allerdings Krebse und Muscheln mitgerechnet sind, ja an den Fastentagen steigert sich diese ungeheure Menge auf 200 000 kg. Bei uns macht nach den Berechnungen von König und Splittgerber das Fischfleisch nur $^1/_8$—$^1/_{10}$ des überhaupt genossenen Fleisches aus. Auf den Kopf der Bevölkerung kommen jährlich etwa 6,8 kg Fisch, wovon 6 kg auf Seefisch entfallen und 40—50 % für den Abfall in Abzug zu bringen sind, sodaß nur 3,5—4 kg reines Fischfleisch übrig bleiben. Im allgemeinen ist dessen Nährwert und Verdaulichkeit dem des Fleisches der nutzbaren Haustiere gleichzusetzen, aber wenigstens das Seefischfleisch hat den großen Vorzug, wesentlich billiger zu sein, selbst wenn man dabei in Anschlag bringt, daß es an sich schon wasserreich ist und wegen der kurzen Kochdauer nur einen unwesentlichen Wasserverlust erleidet, daher zur Sättigung in größerer Menge genossen werden muß. Bei Räucherfischen kommt dieser Übelstand ohnedies in Wegfall, während bei eingemachten Fischen ein großer Teil der wertvollen Nährstoffe in die Laken und Saucen entweicht. Die Verdaulichkeit wird durch das Kochen in geringerem Maße beeinträchtigt als beim Rindfleisch. So vermag das Fischfleisch selbst körperlich stark angestrengten Menschen ein vollwertiger Ersatz für anderes Fleisch zu sein, und in Rußland erhält beispielsweise das Militär zweimal wöchentlich Fisch, während man bei uns in dieser Beziehung noch nicht weit über tastende Versuche hinausgekommen ist. Auch vorzügliche Eiweißpräparate stellt man neuerdings aus Fischfleisch her.

So erscheint das Meer als der denkbar ergiebigste Acker, dessen planmäßige Bebauung und zielbewußte Bewirtschaftung sich durch reiche Erträge lohnt, aber leicht ist die Hebung seiner Schätze nicht, und vom Meeresgrunde bis zur Feinschmeckertafel in einem Berliner Luxushotel ist ein gar weiter Weg. Fabelhaft fast erscheinen die Fruchtbarkeit und der Reichtum der See, aber unerschöpflich sind sie nicht, und rücksichtsloser Raubbau muß sich schließlich auch hier bitter rächen wie überall. Namentlich in der Nordsee, wo heute alljährlich 600 Dampfer und 5000 Segler auf Fischfang ausziehen, machen sich schon bedenkliche Anzeichen von Überfischerei bemerkbar, weil dem Meere zu viel unbrauchbare Jungfische entzogen oder diese, wenn man sie auch wieder ins Wasser wirft, doch nicht schonend genug behandelt werden. So sind große Seezungen und Schollen schon recht spärlich geworden, ja es steht zu befürchten, daß von den bevorzugten Speisefischen überhaupt nur noch wenige das laichfähige Alter erreichen und für die Fortpflanzung ihrer Art sorgen können. Eckert schätzt den Gesamtertrag der Weltfischerei auf 4 Millionen Tonnen im Werte von 1 Milliarde Mark; das erscheint verhältnismäßig wenig, dabei ist aber zu berücksichtigen, daß ausgedehnte und zweifellos sehr ergiebige Fischereigründe in den afrikanischen, südamerikanischen und australischen Gewässern der Fischereiwirtschaft überhaupt noch nicht erschlossen sind. Nahezu 70 % der ganzen Ausbeute entfallen auf den Atlantik, wobei die Nordsee mit $1/_5$—$1/_4$ beteiligt ist, keine 30 % auf den Stillen Ozean und kaum 1 % auf den Indischen. Was die einzelnen Staaten anbelangt, so kommen auf die von Nordamerika 23%, auf England 22 %, auf Kanada und Norwegen je 13 %, auf Rußland 6 %, auf Frankreich 4 %, auf Holland 3 %, auf Spanien und Portugal 2 ½ %, auf Italien 1 ½ %. Während das kleine Japan mit 10 ½ % recht stattlich dasteht, spielt Deutschland mit nur 2 ½ % in dieser Liste noch immer eine ziemlich klägliche Rolle, obgleich sich der Ertrag unserer Hochseefischerei durch die dankenswerten Bemühungen einer einsichtigen Regierung innerhalb 15 Jahren um das Zehnfache gesteigert hat. Auch Österreich-Ungarn erweist sich trotz der herrlichen, fischreichen Adria mit ihrem prächtigen Klima und ihren zahlreichen ruhigen Buchten in bezug auf die Entwicklung der Küsten- oder gar der Hochseefischerei noch als recht rückständig, wie ja fast auf allen Gebieten. Das Fett schöpfen dort die benachbarten Italiener ab, und die Küstenbevölkerung von Triest und Fiume ab bis nach Spalato und Cattaro hinunter begrüßt alljährlich mit Freuden die buntbemalten Segel der anfahrenden Chioggioten-Flottille, weil sie gesunde und wohlfeile Nahrung auf den Markt bringt. Tausende von ärmeren Familien in Istrien und Dalmatien leben dann nur von Fischen und Polenta und sehen äußerst selten anderes Fleisch in ihren Töpfen. Der auf Backhuhn und Gulasch eingeschworene Wiener dagegen, der selbst die köstliche Forelle barbarischerweise in gebackenem Zustande genießt, hat dem Seefischfleisch noch immer keinen Geschmack abzugewinnen vermocht, und daran sind alle Bemühungen zur Schaffung eines großzügig eingerichteten Seefischversands im Reiche des Doppeladlers mehr oder minder gescheitert.

Glücklicherweise zählt unsere fast überall mit Grundnetzen erreichbare Nordsee nächst den nordamerikanischen Gestaden des Atlantik zu den fruchtbarsten Meeren der Erde, über ihren zahlreichen Bänken und Untiefen wimmelt es fast buchstäblich von Fischen, nur daß sich diesen Segen in früheren Zeiten fast ausschließlich die Engländer zunutze zu machen verstanden, während mehr als 2 Meilen von der Küste überhaupt kaum ein deutscher Fischkutter anzutreffen war. „Das deutsche Meer", so heißt es in einem englischen Gutachten, „ist ertragsfähiger als unser Ackerland; unsere reichsten Felder sind weniger fruchtbar an Nahrungsstoffen, als diese Fischereigründe. Ein Morgen guten Landes liefert etwa 20 Zentner Getreide jährlich oder 3 Zentner Fleisch und Käse; auf einer ebenso großen Wasserfläche mit Fischereigrund aber kann man dasselbe Gewicht an Nahrungsmitteln jede Woche ernten. Fünf Fischereiboote zogen in einer einzigen Nacht aus einer kaum 50 Morgen großen Fläche des deutschen Meeres den Wert von 50 Ochsen und 300 Schafen in Form von leicht verdaulichen und schmackhaften Fischen. Und was das Wichtigste ist, diese Ochsen und Schafe sind kostenlos und ohne alle Mühe im Wasser entstanden, erzogen und gemästet worden." Mag dieses Urteil auch ein übertriebenes und allzu optimistisches sein, Tatsache ist jedenfalls, daß man bei uns lange Jahrhunderte hindurch den Meeressegen nicht zu würdigen verstand und sich erst in neuester Zeit allmählich seiner ungeheuren volkswirtschaftlichen Bedeutung bewußt geworden ist. Selbst die der Nordsee angrenzenden Kleinstaaten waren und sind uns in dieser Beziehung weit über, denn Holland verdankt seinen Reichtum dem Heringsfange, und Norwegen, wo ein großer Teil der Bevölkerung ohne Fischerei gar nicht bestehen könnte, gewinnt aus ihr weit mehr Taler, als es Einwohner zählt. Nun ist ja endlich auch bei uns ein vielversprechender Anfang zur Ausbeutung der feuchten Schatzkammern gemacht worden, aber die ersten Jahre deutscher Hochseefischerei waren doch kaum etwas anderes als blindlings unternommene Plünderungszüge, Raubbau schlimmster Art, förmliche Seeräuberei, und erst neuerdings beginnt man sich eines Besseren zu besinnen und die

Sache planmäßiger zu gestalten. Das ist auch dringend nötig. Wir müssen lernen, die flüssige, sich selbst befruchtende Fläche ebenso rationell zu bewirtschaften, wie den Acker, wir müssen hier wie dort pflügen, hegen und ernten lernen, müssen ebenso gute Wasser- wie Landwirte werden, um die von dem schaffungsfrohen Meere in Form von schmackhaften und leicht verdaulichen Fischen erzeugten Proteinverbindungen und Kohlehydrate all den Millionen zugänglich zu machen, denen anderes Fleisch nur sehr knapp zugemessen ist. Die rasch erblühte Wissenschaft der Meeresbiologie weist uns ja den Weg, wie wir die Billionen Lebenskeime, die die Natur in unverwüstlichem Übermut im Meere fortwährend auswirft, aber mit demselben Übermute ebenso massenhaft wieder verderben und verschlingen läßt, erhalten und zu einer unerschöpflich reichen Nahrungsquelle umwandeln können. Freilich geht die Zeugungskraft des Meeres über unsere kühnsten Vorstellungen hinaus, aber schon die ungeheure Zahl von Eiern, die weibliche Heringe oder gar Schellfische in ihrem Leibe bergen, ist Beweis dafür, daß eine so außerordentliche Fülle des Lebens unmöglich sich voll entfalten kann, denn sonst würde es sehr bald dem weiten Weltenmeere selbst an Raum fehlen zur Unterbringung so zahlloser Geschöpfe. Wenn auch jeder Augenblick das Leben im Meer millionenfach wieder erzeugt, so fällt es zum weitaus größeren Teil doch ebenso schnell der unersättlichen Gier der Meeresräuber zur Beute, sodaß nur ein geringer Bruchteil zur Entwicklung gelangt und dem Menschen später zur Speise dienen kann. Daher sichert uns auch die unerschöpflich erscheinende Fülle des Lebens im Meer nicht vor einem Ende mit Schrecken. Die Menschen haben auch einst gedacht, daß die Wälder nie alle werden und die Fruchtbarkeit der Erde nie abnehmen könne, und sind doch auf recht bittere Weise eines anderen belehrt worden. Aber trotz der gemachten herben Erfahrungen wüsten wir in der gleich tollen und rücksichtslosen Weise auf die Schätze des Meeres los, nach dem alten, leichtsinnigen Worte „Nach uns die Sintflut". Erst in letzter Zeit machen sich Anzeichen zur Besserung geltend, denn die Wissenschaft hat ja durch Aufhellung der früher so rätselhaften Wanderzüge der Fische und die Erforschung ihrer Ernährungsverhältnisse, insbesondere durch die Planktonlehre, einen gangbaren Weg zur planmäßigen Bewirtschaftung des Meeres gewiesen. Schlägt man diesen zielbewußt und unter Zuhilfenahme aller technischen Behelfe der Neuzeit ein, so wird der Meeresacker auch in Zukunft ohne wirklichen Dünger und eigentliche Aussaat goldene Ernten bringen.

Anstrengend und beschwerlich in hohem Maße wird die Seefischerei freilich immer bleiben, und auch nicht ungefährlich, denn mit dem trügerischen Gott der Wogen und Winde läßt sich ein festes Abkommen nun einmal nicht treffen. Aber die Beschäftigung auf dem Wasser ist gesund, stählt den Körper, schärft die Sinne, festigt den Charakter, erzeugt Selbstvertrauen, Entschlossenheit und Geistesgegenwart. Deshalb bildet — und diesem Umstand kommt eine hohe politische Bedeutung zu — die Meeresfischerei zugleich die beste Pflanzschule für leistungsfähige Kriegs- und Handelsflotten. Wer von Jugend auf den Umgang mit dem Meere gewohnt, mit seinen Tücken vertraut, gegen seine Gefahren gewappnet ist, der wird auch einen vollwertigen Matrosen abgeben. Nicht umsonst sprechen die Engländer von ihrer „Fishing-natured navy" (der durch die Fischerei genährten Seemacht). Ganze Männer erfordert die Fischerei jederzeit, ganz besonders bei stürmischem Winterwetter, wenn die Taue mit Eis überzogen sind, die Segel vor Frost knarren und ächzen und der Wind die prickelnden Schneekristalle in die Augen bläst. Wie oft habe ich dann nicht unsere Nehrungsfischer nach mehrtägigem Aufenthalt auf See halb erfroren ankommen sehen, ohne daß sie auch nur einen Schwanz gefangen hätten. Aber ein andermal warf ihnen die Laune des Meeresgottes in wenigen Stunden ein kleines Vermögen in den Schoß. Fischerei ist eben Lotteriespiel. Freilich ein solches mit hohen Gewinnen, aber auch mit dem Einsatz des Lebens. Von so ausschlaggebender Bedeutung ist sie für alle Küstenvölker, daß sie nicht selten sogar in die Geschichte ihrer Staaten entscheidend eingegriffen hat. Holland z. B. verdankt die Grundlagen seiner ehemaligen Seeherrschaft den Heringszügen. Die Geschichte der Fischerei ist so alt fast wie das Menschengeschlecht selbst. Auch die Speisegesetze des Alten Testaments beschäftigen sich bereits mit den Meeresfischen, und unternehmende Händler aus Tyrus brachten eingesalzene oder getrocknete Seefische nach dem Fischtor an der Nordostecke Jerusalems. Vortreffliche Fischer und Fischkenner waren die Römer, und bei ihren üppigen Tafelgenüssen spielten die Schuppenträger eine große Rolle. Antonius und Kleopatra ergötzten sich an der Seefischerei,

Trajan betrieb sie mit Leidenschaft, Ausonius besang in schwunghaften Versen die Schmackhaftigkeit der verschiedenen Fischarten, Lucullus ließ einen kleinen Berg abtragen, um seine Fischteiche mit Meereswasser versehen zu können, gewissenlose Schwelger mästeten ihre fetten Muränen mit dem Fleisch ins Wasser gestürzter Sklaven, und das Scheusal Heliogabal ließ die Fische lebend auf die Tafel bringen, um sich an ihren langsamen Todesqualen zu ergötzen, und würzte dann ihr Fleisch mit Pulver aus echten Perlen.

Reizvoll, anregend und voll ungeahnter Abwechslung ist die Seefischerei, in ungleich höherem Grade jedenfalls als die Binnenfischerei, wo ja in weiten Kreisen namentlich der Angelsport als ein Ausbund von Langeweile gilt, wenn er es auch in Wirklichkeit keineswegs ist. Versetzen wir uns einmal im Geiste auf einen Fischdampfer! Schon beim ersten Morgengrauen erdröhnt donnerndes Gepolter auf dem Deck. Die Vorbereitungen zum Ausbringen des Netzes haben begonnen. Längs der Reeling liegen an Back- und Steuerbord zwei riesige Baumstämme, an denen das Fang- und das Reservenetz befestigt sind; an ihnen sind mächtige eiserne Bügel von über Mannesgröße angebracht, dazu bestimmt, beim Schleifen über Grund den Baum freizuhalten und seine Bewegungen zu erleichtern. Immer lebendiger wird das Bild, die Mannschaft steht bereit, der Kapitän ist auf seinem Posten am Ruder — alles klar! Jetzt luvt er an, d. h. dreht das Schiff so, daß der Wind von ihm wegstreicht, (ehe dies geschehen, darf kein Manöver stattfinden, das Netz würde sonst in die Schraube geraten) — kräftige Fäuste packen das Netz und werfen es über Bord, allmählich treibt es auf und seitwärts nach hinten, einige Mann erfassen den Bügel am Vorderende des Baumes, und polternd schlägt das Ungetüm über die Reeling in die hoch aufspritzende Flut, schnell abtreibend. In dem Augenblick, in dem der Baum quer steht, wird auch das hintere Ende mit seinem Bügel über Bord geworfen — einige Schwingungen hin und wieder, dann liegt er wagerecht — die Stahltrosse wird ausgesteckt und saust rasselnd hinaus — das Schiff fällt ab und nimmt seinen alten Kurs wieder auf — das Manöver ist beendigt, und es beginnt nun der eigentliche Fischzug, während dessen der Dampfer mit nur 2 Meilen Fahrt 6—8 Stunden lang vor seinem Netze durch die See zieht. Dieses wird also von einem etwa 16 Meter langen und sorgfältig für diesen Zweck ausgewählten Buchen- oder Eichenstamm geschleppt. An ihm ist ein 4 Zoll starkes Grundtau befestigt, daran eine sogenannte Boßleine, und von dieser aus verlaufen fliegende, vierkantige Maschen, an die sich dann die eigentlichen Netzmaschen ansetzen. Nur der beste Manilahanf kommt dabei zur Verwendung, wird überdies noch mit Karbolineum ge-

Abb. 1. Grundschleppnetz (durch Scherbretter offengehalten). Nach einer Zeichnung von R. Oessinger.

tränkt, hält aber trotzdem selten länger als ein halbes Jahr aus. Das Netz hat eine Länge von etwa 75 Metern und ist nach Art der Mausefallen gebaut. In die durch den Baum weit ausgereckte Öffnung streichen die Fische hinein, bis in das Hinterende, den sogenannten Sack, den eigentlichen Behälter, der vorn durch einen lose aufliegenden Netzteil nach innen geschlossen wird, so daß die Fische wohl hinein, nicht aber heraus können. Die ganze Vorrichtung wird an einer Stahltrosse über den Grund geschleppt (Abb. 1).

Stunde um Stunde verstreicht in langweiligem Gleichmaß, und mit gespannter Erwartung sieht alles dem gegen Mittag stattfindenden Fischzug entgegen. Nichts hört man, als das einförmig träge, schwerfällig stampfende Getön der Maschine. Endlich naht die Entscheidung. Wieder steht der Kapitän am Ruder — ein Zeichen — der Dampfer luvt an, und die durch Dampf getriebene Winde beginnt ihr metallisch dröhnendes Getöse, indem sie die Stahltrosse einhievt (einholt), die, fast bis zum Springen gesteift, durch eine mit Kolben versehene Luke sich am Oberdeck hereinzwängt. Jetzt wird der Baum sichtbar, wagerecht hinten und vorn gehievt, dann eine „Taille" von mächtiger Stärke eingehakt, und nun heißt es, ihn hoch holen, was bei einem solchen Koloß natürlich auch nur die Dampfkraft zu schaffen vermag. Zunächst wird das Achterende vorgehievt, dann kommt das Vorderende dran, und nun steigt wie ein triefendes Seeungetüm Baum und Netz allmählich über Wasser, höher und höher, und endlich donnert, übergeholt, der eiserne Bügel auf Deck. Im gleichen Augenblick faßt die Mannschaft ins Netz. Weit nach hinten beugen sich die Leute über und holen mit Anstrengung aller Kräfte ruckweise Stück für Stück herauf. Rauher Gesang muß die saure Arbeit erleichtern, und ein graubärtiger Mecklenburger mit wetterhartem Ledergesicht gibt dabei den Takt an. Das Netz ist an Deck. Weit vorgebeugt stiert der Kapitän mit langgestrecktem Halse ins Wasser, nicht weniger gespannt die gesamte Mannschaft — alle nach einer bestimmten Stelle. Plötzlich steigen an dieser ganze Massen von Blasen perlend an die Oberfläche, und darunter aus der Tiefe kommt es grünlich schimmernd höher und näher: es ist der Sack, der auftreibt, aber er tut dies nur, wenn er reichen Fischsegen birgt. Ein vergnügtes Schmunzeln wetterleuchtet über das zerknitterte Gesicht des Kapitäns; er hat guten Grund dazu, denn sein Einkommen besteht hauptsächlich in dem Gewinnanteil. Jetzt ist der Sack so hoch, daß man den weißschimmernden Inhalt erblickt, festgekeilt in gewölbter Masse, wobei aus den Maschen namentlich die schmalen Leiber der Seezungen herausragen. Wieder beginnt das Dröhnen der Winde, unendlich langsam und schwerfällig erhebt sich der pralle Sack triefend in die Lüfte, der Dampfer neigt sich merklich nach Steuerbord über unter der Last, die jetzt, hereingeschwungen, über dem Vorschiff schwebt. Dergeblich versucht man, den schürzenden Knoten zu lösen, die strotzende Masse im Netz bekneift ihn; erst als ein Mann aufs Tau springt und mit der ganzen Körperlast wippend auf und niederschwingt, gibt es nach, und nun — ein dumpfer Schlag aufs Deck — mit einem Ruck hat der Sack sich seines Inhalts entledigt, und plötzlich ist der Raum von einer weiß schimmernden, glitzernden Masse übergossen, die einen Augenblick, als schöpfe sie Atem nach der furchtbaren Pressung im gestrafften Netz, in Ruhe verharrt und dann zappelnd, springend, schlagend und glitschend, wirr durch- und übereinander drängend ein so verblüffendes Bild des Lebens oder eigentlich des Sterbens darbietet, daß es jeder Beschreibung spottet.

Die Hauptmasse bildet der Schellfisch, der mit seinem weißen Leibe gewissermaßen den Untergrund des ganzen Bildes malt, und der gefräßige Kabeljau mit dem gierig glotzenden Auge und dem weit geöffneten Rachen. Daneben windet sich ein Steinbutt mit flachen Rändern, kurzem Schwänzchen und einem Kopf, der aussieht, als hätte der Schöpfer sich verzeichnet. Und was ist das hier? Ein Steinbutt nicht, aber ein ähnliches Getier mit starken Stacheln auf dem breiten, buntscheckig getigerten Rücken und einem ebenso fleckigen Stachelschwanze — ein Rochen oder, wie der Fischer ihn nennt, ein „Franzose." „Rrrruck, rrrruck" sagt es plötzlich neben uns — das sind Knurrhähne. Dazwischen schimmert rot und goldfarben das Petermännchen — „mecklenburgischer Ritter" heißt es in der Fischersprache, wohl kaum seiner hohen Denkerstirn, sondern eher der harten, scharfkantigen Rückenflosse wegen. Weiterhin zarte Seezungen mit schmächtigen Leibern und graue Schollen, Proletarier im Aussehen, aber nicht im Geschmack. Hallo — ein Hai? Wahrhaftig — die dreieckige Rückenflosse, der weiße Bauch, der zurückspringende Unterkiefer — alles stimmt. In Sprüngen schiebt sich der meterlange Bursche über die anderen Fische hin. Immer neue Formen unterscheidet man in der wirren Masse, die wie mit einer Art Füllsel durchsetzt ist von schlammüberzogenen Muscheln und sonderbar traubenartig gestalteten Lebewesen eklen Aussehens, „Seehenne" benannt. Da schnellt es auf, ein großer, schlanker und schöner, man könnte sagen, eleganter Fisch von gut Meterlänge mit fadenförmigem Auswuchs am Unterkiefer — der Lengfisch. Daneben ein Seehecht mit dem gefährlichen Gebiß, dem man besser im Bogen aus dem Wege geht. Wer zählt und nennt sie alle, edle und unedle, seltene und gemeine, Korksohlen, Schaben, Rotzungen, Makrelen und andere mehr? Dazwischen und darüber krabbelt und kriecht es — Seespinnen mit gespenstigem Kopf und langen Beinen, Krebse von teilweise riesigen Ausmaßen, auf deren gepanzertem Rücken sich eine ganze Welt von Schmarotzern häuslich eingerichtet hat. Ein mächtiger Hummer öffnet die gewaltigen Scheren zum Angriff — mitten aus dem glänzenden Weiß der Fischleiber hebt er sich funkelnd schwarz ab, und sein Panzer erinnert in der Wirkung überraschend an den eines japanischen Ritters. Einer der Matrosen befreit plötzlich mit erschrockenem Ruck seine Stiefel aus einer Umklammerung und fällt dabei ausglitschend mitten unter die Fische. „Ein Kater — ein Kater!" Richtig — ein Katfisch war gefangen und hatte den Stiefel eines Mannes erwischt, jedoch nur ein kleines Ende, sonst wäre der Matrose nicht so leicht losgekommen. Ein graulíches, halb mannslanges Tier mit dem Ausdruck gemeinster tierischer Roheit in dem riesigen Kopfe. Ihm entspricht auch alles übrige — der Körper hat keine eigentlichen Schuppen, sondern eine faltige, schlammgraue Haut, der Rücken keine eigentliche Flosse, sondern mehr eine schlammgraue, handbreite Mähne. Das Maul aber ist mit richtigen, stumpfen Menschenzähnen besetzt, Zunge und Gaumen bilden eine harte Hornmasse. Was zwischen diese Zähne gerät, wird rettungslos zermalmt. Ein Mann steckt dem Katfisch einen Besenstiel ins Maul, in den er sich sofort derart verbeißt, daß er daran aufs Achterdeck geschleift werden kann. Auch das Fleisch dieses Untiers wird verkauft, aber in Kotelettenform und der Kopf vorher abgeschnitten, da es der Käufer sonst wohl mit dem Gruseln bekommen würde. Aus der gegerbten Haut werden in Norwegen Stiefel gemacht. Noch ein anderer merkwürdiger Schlingel ist da — ein Seehase, jenes sonderbare, kugelig-stachelige Wesen mit den wulstigen Menschenlippen, das man als Dämon der Seekrankheit bezeichnen könnte, denn von Zeit zu Zeit speit er den wässerigen Inhalt seines Bauches mit dem ganzen Jammerausdruck eines von Poseidon geplagten Menschenkindes aus.

Die Mannschaft beschäftigt sich zunächst mit dem Auslesen der Fische in eine große Anzahl weidengeflochtener Körbe, deren jeder 50—60 kg faßt. Hand in Hand damit geht auch das Abtöten und Ausweiden. Kreischende Geschwader von Möwen und Seeschwalben sowie ganze Züge von „Meerschweinen" (Delphinen) folgen dem leckeren Fraß versprechenden Schiffe und gieren nach den ins Wasser geworfenen Eingeweiden. Dann treten Männer mit Schlauch und Besen an, reinigen zunächst durch einen starken Wasserstrahl den Inhalt der Körbe und säubern dann das Deck, nachdem andere alle minderwertigen oder abgestandenen Fische, Muscheln und dgl. über Bord geschaufelt haben. So hält man heute durch strenge Reinlichkeit die widerwärtigen Ausdünstungen der Fischrückstände von den Dampfern fern, die früher für Menschen mit empfindsamen Geruchsorganen den Aufenthalt auf ihnen zur Qual machten. Schließlich wird der ganze Fang unter Bord verstaut, und mit vergnügtem Gesicht trägt der Kapitän die Anzahl der Körbe in sein Tagebuch ein.

Nicht immer aber liefert der Fischzug eine so mannigfache Beute, nicht immer einen so reichen Ertrag. Gar nicht selten hängt der aufgezogene Netzbeutel schlaff und fast leer herab, oder sein Inhalt erweist sich als ein ärmlich-schrumpeliges Päckchen minderwertiger Fische. Das ist immer noch besser, als wenn das Netz zwischen die Trümmer eines Wracks gerät, wie es in der stark befahrenen Nordsee oft genug der Fall ist. Dann enthält es nur in Tang und Schlick gehülltes Trümmerwerk aller Art mit unkenntlichen, schlammigen Anhängseln, ist überdies meist zerrissen und macht langwierige und kostspielige Flickarbeit notwendig. So schraubt sich Tag für Tag ab in regelmäßigem Einerlei von Fischzug zu Fischzug. Man hört währenddem nur von Fischen, sieht nur Fische, ißt nur Fische, und so vermag man schließlich auch kaum noch etwas anderes zu denken als Fische. Jedermann begrüßt es deshalb als Erlösung und willkommene Abwechslung, wenn endlich alle Körbe gefüllt sind und der Kiel heimwärts gerichtet wird. Mit wehender Reederflagge holt der Fischdampfer durch die Schleusen und vertaut sich im alten Hafen von Bremerhaven, diesem Brennpunkte des deutschen Fischhandels. Hier beginnt sofort das Löschen. In den Fischschuppen ertönt das Getöse der Eismaschine, die die großen Blöcke zu Grus zermalmt. Gebückte Gestalten schichten in strohbelegte Körbe Fische und Eis, Fische und Eis, immerfort, mit erstaunlicher Schnelligkeit (Abb. 2). Draußen rollen schon die Eisenbahnwagen herbei, um das seefrische Meeresfleisch als Eilgut ins Binnenland zu tragen. Wenn es dort am nächsten Morgen auf dem Wochenmarkte ausgeboten wird, sind die Fischer längst wieder auf hoher See und werfen ihre Netze aus.

Seit Jahrhunderten ist der Hering (Clúpea haréngus) derjenige Fisch, dem seines massenhaften Auftretens, seiner Schmackhaftigkeit und seines hohen Nährwerts wegen von den Küstenbewohnern des nördlichen Europa am meisten nachgestellt wird; kein zweiter hat für die Ernährung breiter Volksschichten eine auch nur ähnliche Bedeutung erlangt wie er. Er ist der Fisch des Armen, ein Fleisch für alle, eine unentbehrliche Zukost für weite Kreise, ein wahrer

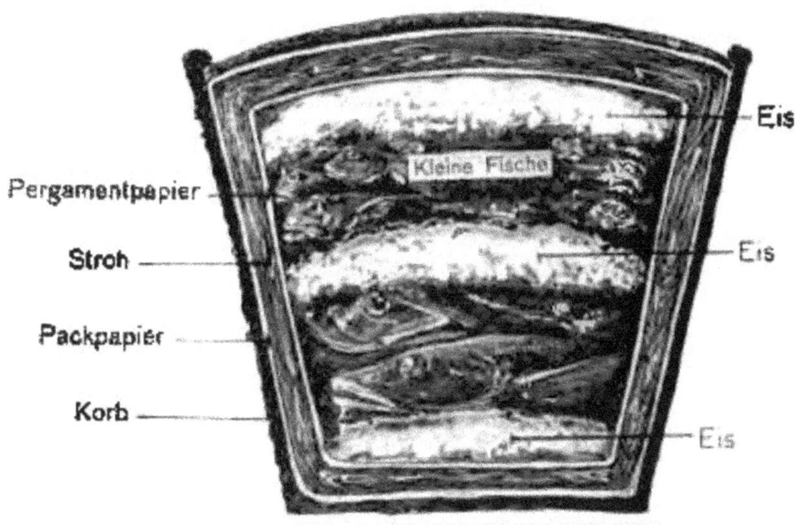

Abb. 2. Korb zur Versendung von Seefischen.
(Aus dem Flugblatt des Deutschen Seefischerei-Vereins.)

Segen für unsere Küstenbevölkerung. Aber er bildet nicht nur, halb vertrocknet und mit einer Salzkruste überzogen, im Verein mit Pellkartoffeln oder Roggenbrot des armen Mannes ärmlichste Mahlzeit, sondern prangt auch frisch und fetttriefend auf üppiger Tafel und hat sich überdies auch noch das unerschütterliche Zutrauen aller feuchtfröhlichen Zecher erworben, die sich auf seinen Beistand verlassen, wenn sie dem Bacchus oder Gambrinus zu erliegen drohen. Geradezu kulturgeschichtliche Bedeutung kommt diesem unscheinbaren Fische zu. Selbst in der Kriegsgeschichte hat er mehr als einmal eine Rolle gespielt. So 1428, unmittelbar vor dem Auftreten der Jungfrau von Orleans, als die Engländer von den Franzosen hart bedrängt und ausgehungert wurden. Da erschien zu guter Stunde Sir John Falstaff mit Hilfstruppen und einer ungeheuren Ladung Heringe, durch die die Ermatteten wieder zu Kräften kamen und so den stürmenden Gegner vorerst erfolgreich zurückschlugen. Das war die berühmte „Heringsschlacht" bei Rouvray, auf der alten Walstatt zwischen Tours und Poitiers. Niemals aber hätte der Hering (der Name soll mit seinem „heerweisen" Erscheinen zusammenhängen, während ihn andere mit der altholländischen Handelsmarke des Rings [hring] in Verbindung bringen) eine so bedeutsame Stelle in der Rangordnung menschlicher Speisen errungen, wenn nicht zu seiner Wohlfeilheit noch seine ungewöhnlich mannigfaltige Zubereitungs- und Aufbewahrungsweise hinzugekommen wäre. Namentlich durch das Einsalzen wurde der Fisch auch für den Binnenländer erst recht nutzbar und damit zu einem wichtigen Handelsartikel für die ganze Welt, während früher sein Verbrauch auf kleine Küstenstriche beschränkt war. Ein schlichter holländischer Fischer, Willem Benkels oder Bökels (daher die Ausdrücke „einpökeln" und „Böklinge" = „Bücklinge") soll in der 2. Hälfte des 14. Jahrhunderts diese wichtige Entdeckung gemacht und damit den Grundstein für den Reichtum und die Handelsmacht seines Vaterlandes gelegt haben. Die Chroniken berichten, daß selbst der weltgebietende Kaiser Karl V., der im Gegensatze zu den heutigen Spaniern leidenschaftlich gern gesalzene Heringe aß und auch recht wohl wußte, daß „Amsterdam aus Heringsgräten gebaut" sei, 1536 von Brüssel aus in Begleitung seiner beiden Schwestern, der Königinnen von Ungarn und Frankreich eigens nach dem ärmlichen Fischerdörfchen Bierollet (welch passender Name!) reiste, um das Grab des verdienten Mannes aus dem Volke durch seinen Besuch zu ehren. Nach anderen Quellen soll freilich schon der fromme Bischof Otto von Bamberg, der Bekehrer Pommerns († 1139) das Einsalzen der Heringe gekannt haben.

Über die Naturgeschichte des Herings, der eines der friedfertigsten Geschöpfe ist und sich durch den ungemein zarten Bau seiner Kiemen auszeichnet, weshalb er nur schwer lebend zu versenden und kaum in Gefangenschaft zu halten ist, sind wir noch keineswegs so gut unterrichtet, wie es die ungeheure wirtschaftliche Bedeutung dieses Fisches wünschenswert machte; späteren Forschungen winkt hier noch ein weites und lohnendes Arbeitsfeld. Noch immer wissen wir nicht, worauf eigentlich das plötzliche Ausbleiben der großen Heringsschwärme aus Gegenden, wo sie Jahrhunderte lang zu Milliarden erschienen, zurückzuführen ist, wir können nur annehmen, daß allzu schonungsloser Fang oder uns unbekannte ozeanographische Veränderungen die wirksamen Faktoren dabei sind. Nur das steht fest, daß Perioden reichen und spärlichen Fangs mit einer gewissen Regelmäßigkeit in bestimmten Zeiträumen für die einzelnen Länder abwechseln. Während im verflossenen Jahrhundert Schotten und Norweger die Meistbegünstigten waren und sich an den deutschen Küsten nur ein wenig lohnender Fang ermöglichen ließ, ja die Ostsee nahezu ausgefischt erschien, will es scheinen, daß das neue Jahrhundert uns wieder einen stark vermehrten Heringssegen bescheren wird. So brachten schon die Jahre 1907 und 1909 ungeheure Heringsschwärme an unsere Küsten, und der reiche Fang war der hart geprüften Fischereibevölkerung wohl zu gönnen. Einzelne Fischerdörfer an der Kieler Föhrde erzielten in einer einzigen Nacht Fänge von 8 Millionen Stück und mehr. Es war kaum möglich, die Netze ordnungsgemäß einzuziehen, denn Rücken an Rücken gedrängt erfüllten die Fische in dichten Mengen die Flut. Der Preis für Räucherware, die beliebten Bücklinge, ging aber trotzdem nicht wesentlich herunter, da der Ring der Räucherer dafür sorgte, daß der Meeressegen dem Volke keine billige Nahrung bringen konnte. Dagegen wurde auf dem Lübecker Markt der Eimer frischer Heringe (150—200 Stück) mit zwanzig Pfennigen verkauft, ein Preis, der stark an die fast sagenhaft gewordenen Zeiten fabelhaften Fischreichtums unserer Meere erinnerte. Mit Vorliebe benutzen die Heringe neuerdings den Nordostseekanal selbst zum Laichen, bekamen hier aber zunächst infolge der starken Verunreinigung des Wassers einen widerlichen Karbolgeschmack, der jedoch verschwunden ist, seit man in richtiger Erkenntnis der Sachlage für eine möglichste Klärung und Unschädlichmachung der zahlreichen Abwässer Sorge getragen hat. Früher glaubte man, daß der Hering seinen eigentlichen Wohnsitz in den nördlichen Eismeeren habe und von da aus lediglich des Laichgeschäftes halber die südlicheren Meeresteile besuche. Diese Annahme hat sich jedoch als unhaltbar herausgestellt, es scheint vielmehr sicher zu sein, daß der Hering räumlich nur beschränkte Wanderungen vollführt, die mehr in einem Aufsteigen aus tieferen Schichten in flachere Meeresteile bestehen. So sollen große Heringsvölker ständig in den tiefen Teilen des Atlantik unmittelbar vor der Westküste Irlands und Schottlands wohnen, während die flache Ostsee von unserem Fisch wohl überhaupt nur zur Laichzeit aufgesucht wird. Diese ist nicht streng an eine bestimmte Jahreszeit gebunden, da alte und junge Heringe zu verschiedener Zeit zu laichen scheinen. Auch noch nicht fortpflanzungsfähige Heringe wandern schon und sind den Fischern als Jungfern- oder Matjesheringe bekannt; sie haben zartes Fleisch, sind aber wenig haltbar.

Das geübte Auge der Fischer und der Fachgelehrten unterscheidet eine ganze Reihe von Lokalrassen, die ihre bestimmten Wanderstraßen einhalten, die sicherlich auch ihre bestimmten Wohnplätze haben und sich nicht leicht mit anderen Rassen vermischen. Simroth sucht ihre Entstehung in geistvoller Weise durch seine Pendulationstheorie zu begründen. Nach seiner Auffassung entstammt der Hering ursprünglich dem Süßwasser. Dies geht auch daraus hervor, daß die Charaktermerkmale der einzelnen Rassen sich umso mehr verwischen, je weiter sie in die ja sehr salzarme Ostsee vordringen. Ganz im Sinne des Darwinismus unterscheiden sich die Heringsrassen in der nur graduell verschiedenen Weise, wie die einzelnen Arten der Clupeiden, und man kann von der Entstehung der Varietäten auf die der Gruppen höherer Ordnung schließen. Deren Scheidung hat sich wahrscheinlich unter dem 42. Breitengrade vollzogen, also an der heutigen Südgrenze der Arten, wo die Geoidform der Erde am meisten von der Kugel abweicht, demnach die Beeinflussung der Organismen am stärksten sein muß. Von hier ist zuerst die Sardine, später die Sprotte ins offene Meer mit seinen gleichmäßigeren Temperatur- und reichlicheren Ernährungsverhältnissen abgewandert, während der Hering am längsten die Mitte zwischen Süßwasser- und Seefisch innehielt. Den genannten Arten am ähnlichsten ist übrigens der kleine Hering des Weißen Meeres, also die nördlichste Rasse. Die Herbstheringe sollen tiefer in die brackigen Buchten eindringen als die Frühjahrsheringe. Von der überwältigenden Massenhaftigkeit der einen wahren Himmelssegen für viele Küstenländer bildenden Heringsschwärme vermag sich derjenige, der dieses großartige Schauspiel nicht mit eigenen Augen geschaut hat, kaum einen richtigen Begriff zu machen. So dicht schwimmen die sich von verhältnismäßig kleinen Meeresorganismen nährenden Fische zusammen, daß ein dazwischen gestecktes langes Ruder aufrecht stehen bleibt, daß ein in diese fortpflanzungshungrige Massenprozession geratenes Boot emporgehoben wird und in Gefahr gerät, daß die „Milch" der Männchen weithin das Wasser trübt. Die Weibchen kleben ihre Eier entweder an Tang oder sie lassen sie einfach frei in die See fallen. Mit atemloser Spannung folgt man am Strande, wo außer Tausenden von Fischern auch ungezählte Salzhändler, Faßdaubenverkäufer, Mädchen, Gaukler, landstreichende Prediger und Seelenerwecker versammelt sind, der Bewegung der Heringszüge. „Wenn die wirkliche Fischzeit beginnt", schildert Bertram, „bemächtigt sich eine Art Wahnsinn aller Versammelten: alles arbeitet, alles spricht, alles denkt nur vom Heringe. ... Junge Herzen beten für den Erfolg der Boote ihrer Geliebten, weil dieser Erfolg ihnen des Herzens größtes Sehnen, den Ehering und die Haube bringen soll; aus des Sulzers Augen leuchten gehobene Stimmung und große Hoffnung hervor; die Besitzer noch unbenutzter Boote scheinen glücklich zu sein; kleine Kinder selbst nehmen an der Erregung vollen Anteil, auch sie sprechen von nichts als vom Heringe. Es wird verglichen und getüftelt, geweissagt und gewettet, geflucht und gebetet, gezweifelt und gehofft." In Norwegen spannt man ganze Buchten, nachdem die Heringe ihren Einzug gehalten haben, mit riesigen Netzwänden ab und fischt dann die Meeresernte allmählich heraus. Dann kann es vorkommen, daß 100 Nachten und mehr mit je 100 Tonnen gefangener Heringe befrachtet werden. Oft ist der Segen so groß, daß auch die vielen Tausende fleißiger Hände ihn nicht in 2 bis 3 Wochen zu bewältigen vermögen, so daß ein großer Teil der eingeschlossenen Fische abstirbt und nun weithin Wasser und Luft verpestet, worauf die Heringe einen solchen Platz jahrelang meiden sollen.

Obwohl oft auch Millionen Heringe lediglich zum Düngen der Felder verwendet werden müssen, ist die unter Umständen so ergiebige Heringsfischerei doch als eine Art Glücksspiel zu bezeichnen, denn es ist nicht selten, daß die Kutter in stürmischen Zeiten ohne einen einzigen Fisch zurückkehren müssen und vielleicht gar noch ihre wertvollen Netze verloren haben. Bei uns fischt man zumeist mit Netzfleethen, deren jeder Logger zwei führt und damit unter günstigen Umständer in einer Nacht 70—80000 Heringe zu fangen vermag. Während der Nachmittage erfolgt das umständliche Auslegen der Netze, nur des Nachts fangen sich die Heringe, und am Morgen werden dann die Netze geleert. Ein besonders schnell segelndes Fahrzeug, „Jager" genannt, übernimmt die bereits an Bord zurechtgemachte Ausbeute der Logger und bringt sie gleich an Land. Kann sich auch die deutsche Heringsfischerei nach Umfang und Ausdehnung noch nicht mit der ausländischen messen, so zeichnet sie sich doch vorteilhaft durch die in ihren Betrieben herrschende Reinlichkeit und durch die sorgfältige Behandlung und Zubereitung der gefangenen Fische aus, deren Güte dadurch ganz wesentlich gewinnt. Unter Vollheringen versteht man die im Gegensatz zu den Matjesheringen ge-

Abb. 3. Der Räucherofen in der Räucherei von H. A. Krantz in Kiel.

schlechtlich voll entwickelten, großen und fetten Fische, unter Ihlenhering die nach dem Ablaichen gefangenen, unter Wrackhering die Ware geringerer Güte, unter Bückling den geräucherten Hering. In England, dem Lande der Rücksichtslosigkeit, verwendet man leider zum Heringsfang vielfach zu engmaschige Netze, in denen sich auch die wertlosen Jungheringe zwecklos mitfangen, wodurch der Fischerei schwerer Schaden erwächst und die Meere von diesen nützlichen Fischen entvölkert zu werden drohen. Das englische Parlament plant deshalb jetzt strenge Maßregeln gegen eine derartig gemeingefährliche Raubfischerei.

Zarter im Fleisch und feiner im Geschmack als der Hering ist die kleinere Sprotte (Clúpea spráttus), die in ihrer Lebensweise ganz dem großen Vetter gleicht. Auch sie wird namentlich in der Kieler Föhrde massenhaft gefangen (die Eckernförder Fischer erbeuten allein durchschnittlich 16 Millionen im Jahr) und geräuchert als „Kieler Sprotte" in den Handel gebracht. In Norwegen dagegen salzt man denselben Fisch ein, und er erfreut sich dann als Anchovis eines guten Rufes. Auch die Sprottenfischerei hat an den guten Heringsfängen der letzten Jahre ihren vollgewichtigen Anteil ge-

Abb. 6. Das Aufziehen der Sprotten auf die Spießen in der Räucherei von H. A. Kranz in Kiel.

habt, und es liegen darüber ganz begeisterte Berichte von der Ostseeküste vor. In der Kieler Föhrde konnten beim Erscheinen der riesigen Herings- und Sprottenschwärme die Fischer ihre Boote fast allnächtlich bis zum Rande füllen, oft die übermäßig schweren Netze gar nicht ziehen, die Bahn vermochte kaum den Transport zu bewältigen und mußte vor die besonders eingestellten „Fischzüge" noch Vorspannlokomotiven legen, die Kiste Heringe mit 600 Stück erzielte im Großhandel nur 50 Pfennig, trotzdem mußten die Fische noch waggonweise als Dünger fortgefahren werden. Solche Tatsachen geben einen Begriff von dem unerschöpflichen Reichtum, von der wunderbaren Fruchtbarkeit des Meeres. Hauptsitz unserer Sprottenräucherei ist das unweit Kiel auf der anderen Seite der Bucht gelegene Dorf Ellerbeck. Von einem eigentlich fabriksmäßigen Betrieb ist aber auch hier kaum die Rede, denn die meisten Räuchereien haben trotz ihrer großen Leistungsfähigkeit nur recht bescheidenen Umfang. Auch geht das ganze Verfahren unglaublich rasch vor sich, zumal in den Betrieben eine weitgehende und praktische Arbeitsteilung herrscht. Das Sprichwort „Frische Fische — gute Fische" gilt hier mehr als je, und es ist ein gewaltiger Unterschied zwischen den gold- und fettglänzenden Fischchen, die noch tags zuvor munter im Meere herumschwammen, und den verschrumpelten, eingetrockneten Sprotten, die in den bekannten flachen Holzkistchen in den Schaufenstern der Delikatessenhändler unserer Kleinstädte prangen. Oft genug sind es trotz ihrer unzweifelhaften Kieler Herkunft auch gar keine echten Sprotten, sondern andere kleine Meeresfische. Man kann sich leicht genug darüber vergewissern. Streicht man nämlich den Fischen mit dem Finger auf der Unterseite des Bauches vom Schwanz nach dem Kopf entlang, so muß es sich rauh anfühlen, weil dort kleine Stacheln vorhanden sind. Trifft das nicht zu, so sind es auch keine echten Sprotten. Die frisch gefangenen Fischchen werden zunächst für eine Stunde in Salzlake gelegt und dann in wassergefüllten Kübeln oder gemauerten Bassins durch Bearbeitung mit Reisbesen entschuppt und gewaschen. Dann kommt das „Aufspillen", indem man die Sprotten auf stricknadelstarke Eisenstäbe reiht, und zwar so, daß der Stab durchs Kiemenloch eingeführt wird und aus dem Maule wieder hervortritt. Die mit Fischen behängten Stäbe kommen in rechteckige, hölzerne, blechbeschlagene, je 2400 Stück fassende Rahmen und diese auf die Räucheröfen, zunächst unten hin, nach einigen Stunden an die oberste Stelle. Innerhalb 10 Stunden können 2 der kaminartigen Öfen über 10 000 Sprotten räuchern. Die gleichmäßige Unterhaltung des Feuers ist wichtig für die Erzielung hervorragend guter Ware. Man verwendet mit Vorliebe Erlenholz, schüttet auch ab und zu Lohe auf oder begießt mit Wasser, um eine recht kräftige Rauchentwicklung hervorzurufen; über die Rahmen und Öfen gespannte Vorhänge und Leintücher sorgen dafür, daß der Rauch den Fischen auch in vollem Maße zugute kommt. Nach Beendigung des Räucherns werden diese für eine halbe Stunde abgekühlt, dann von den Drähten abgestrichen und können nun sofort zum Versand verpackt werden. Den entsprechenden Betrieb in einer größeren, mehr fabrikmäßig eingerichteten Kieler Räucherei veranschaulichen unsere Abbildungen 3 und 4.

Was die Sprotte für unsere deutschen Meere bedeutet, das ist die Sardine (Clúpea pilchárdus) für die Gestade des Atlantik und des Mittelmeers. Ja sie ist in volkswirtschaftlicher Beziehung noch wichtiger, denn das Wohl und Wehe weiter Länderstrecken hängt von dem Erscheinen dieses kleinen Fisches ab. Und das pflegt durchaus kein regelmäßiges zu sein, obschon man sich über die Gründe des gelegentlichen Ausbleibens bisher noch nicht recht klar zu werden vermochte, wie wir überhaupt über die Naturgeschichte der Sardine und insbesondere über den Verlauf ihrer Massenwanderungen noch weniger gut unterrichtet sind, als beim Hering. Es fehlte bisher auch der Zwang der Not zu solchen Studien, denn da die großenteils noch unbekannten Laichplätze des Fisches so ziemlich unbehelligt bleiben, ist auch von einer Abnahme der Riesenschwärme einstweilen nichts zu spüren. So beschränkt sich unsere Kenntnis des Fisches — abgesehen von seinem Verhalten auf der Wanderung — fast nur darauf, daß er von noch zarterem Leibesbau ist als der Hering und deshalb von höchster Empfindlichkeit gegen Unbilden jeder Art, daß ihn dies aber nicht hindert an der Entwicklung einer großartigen Gefräßigkeit, die allerdings in der Hauptsache nur winzigen Krebstierchen gilt. Junge Sardinen scheinen ihrem grün gefärbten Darm- und Mageninhalte nach vielfach auch pflanzliche Stoffe zu sich zu nehmen; ferner Urtiere, kleine Ringelwürmer und gewisse, frei im Wasser schwimmende Wurmeier. Der Name soll damit zusammenhängen, daß früher an der Küste Sardiniens der ergiebigste Sardinenfang betrieben wurde, während heute entschieden die malerische Küste der Bretagne als der Hauptsitz dieser Fischerei bezeichnet werden muß. 8200 Boote und 32000 Fischer stehen dort ständig in ihren Diensten, und allein in dem Hafenplatze Concarneau verarbeiten 60 Konservenfabriken alljährlich 1 Million Zentner Sardinen. Aber das ist noch lange nicht der ganze Fang. Es kommt vor, daß mit einem einzigen Zuge dem Meere Millionen der glitzernden Fischlein entrissen werden, doch es ist auch nichts Seltenes, daß die Boote vollkommen leer zurückkehren, was dann die düsterste Stimmung unter der Bevölkerung auslöst. So vermochten 1905 von 600 Sardinenbooten aus Douarnenez nur 50 einigermaßen Ladung zu erzielen. Auch überreiche Fänge sind den Fischern keineswegs erwünscht, denn das volkswirtschaftliche Gesetz von Angebot und Nachfrage trifft sie besonders hart, und die Preise sinken dann plötzlich derart (bis auf 2½ Franken für das Tausend), daß sich das Hinausfahren und das Ausstreuen des kostspieligen Köders kaum noch verlohnt. Lustig genug sieht es ja aus, wenn die Boote mit den himmelblauen Netzen am Mast und mit geschwellten rabenschwarzen Segeln zum schmalen Hafenausgange hinaustreiben, während das Meer blausilbern schimmert, dabei rötlichgelbe und violette Tinten aufweist und weiße Spitzenhäubchen die kurzen, prallen Wogen krönen. Aber die Kehrseite der Medaille ist doch vielfach ein großes soziales Elend. Nur freiwillige Beschränkung der Fischerei und gesetzliche Festlegung eines Mindestpreises vermöchten dem Übel zu steuern. Die Sardine gilt als ein sehr scheuer Fisch, und ihr Fang erfordert deshalb große Vorsichtsmaßregeln. Daher auch die himmelblauen Netze, die für den Strand der Bretagne ebenso kennzeichnend sind, wie die roten Jakobinermützen der Fischer für den Golf von Neapel. Und da der Fang vielfach bei Nacht betrieben wird, verwendet man die schwarzen Segel, die den bretonischen Küsten ein so eigenes Gepräge geben. Am Tage machen sich die Sardinenschwärme oft schon von weitem bemerklich, da die Fischlein bei Sonnenschein, dicht aneinander gepreßt, gern zur Oberfläche emporsteigen, plätschern und springen und so die öde Wasserwüste in ein leuchtendes, blitzendes Silberfeld verwandeln. Der an Land gebrachte Fang wandert korbweise in die Fabriken, wo den Fischen zunächst der Kopf abgeschnitten und die Eingeweide ausgenommen werden. Dann werden sie eine Stunde lang in warmer Luft (am besten im Freien) getrocknet und für einige Minuten in siedendes Öl getan. Frauen und Mädchen in schwarzen Kleidern, mit großen Schürzen und zierlichen, weißen Häubchen sitzen an langen Tafeln und legen die Fischlein mit peinlichster Sorgfalt in Büchsen, worauf noch Öl mit verschiedenen Würzen und Zutaten (z. B. Tomaten) je nach dem Geschmack der Kundschaft, der in den einzelnen Ländern verschieden ist, nachgefüllt wird. Das schwierige Verlöten der Blechbüchsen dagegen ist Männerarbeit, denn es gehört eine sichere Hand und große Übung dazu, völligen Luftabschluß zu erzielen. Die verlöteten Büchsen werden nochmals in kochendes Wasser getan, dann etikettiert, und nunmehr sind die weltbekannten Blechdosen mit ihrem wohlschmeckenden Inhalt versandfertig. Was in der Bretagne gefangen wird, sind fast ausschließlich junge, noch nicht laichfähige Sommer- und Herbstsardinen. Die ausgewachsenen und fortpflanzungsfähigen Sardinen sind bedeutend größer, fetter und schwerer, haben aber ein viel gröberes Fleisch und werden als „Pilchards" hauptsächlich an den britischen Küsten gefischt. In den amerikanischen Gewässern wird die Sardine durch Clúpea menhäden vertreten. Dieser Fisch ist noch feiner und zarter im Geschmack, aber dabei so grätenreich, daß der findige Yankeegeist erst eine besondere Entgrätungsmaschine für ihn austüfteln mußte,

Abb. 5. Dorsch (Gadus morrhua).
(Phot. von Oberl. W. Köhler, Tegel.)

damit er als aussichtsreicher Mitbewerber auf dem Weltmarkte auftreten konnte.

Als letzter und zugleich kleinster Vertreter der individuenreichen Heringsfamilie sei endlich noch die Sardelle (Engraúlis encrasichólus) genannt. Auch dieses zarte Fischlein wohnt westlich und südlich von uns, ist im Mittelländischen Meere besonders häufig, dringt aber in manchen Jahren scharenweise auch in die Nordsee und gelegentlich selbst in die Ostsee ein. In stark gesalzenem Zustande hat es als Anchovis Weltberühmtheit erlangt. Die Fischerfrauen am Mittelmeer haben im Einmachen dieser kleinen Geschöpfe eine fabelhafte Geschicklichkeit erworben, indem sie ihnen mit ihrem zu diesem

Zwecke sorgsam gepflegten Daumennagel den Kopf abkneifen und gleichzeitig die Eingeweide fassen und herausziehen.

Die vielen Fischen in so ausgesprochenem Maße eigene Farbanpassung an Untergrund und Umgebung, die bei längerem Aufenthalt an den gleichen Örtlichkeiten zu scheinbar ständigen Farbenvarietäten zu führen vermag, ist in wissenschaftlicher Hinsicht sehr geeignet, den zoologischen Systematiker bei der Aufstellung der neuerdings so beliebt gewordenen Unterarten in hohem Maße zur Vorsicht zu mahnen. So sind die Dorsche (Gádus morrhúa) in der Umgebung Helgolands in Anpassung an das dortige rote Klippengestein von ausgesprochen rötlicher Färbung, sodaß man sie wohl für eine eigene Unterform halten könnte, wenn sie nicht bei Übertragung an andere Wohnorte alsbald auch eine andere, den neuen Verhältnissen entsprechende Färbung annehmen würden. Während der Dorsch (Abb. 5) oder Kabeljau (von unseren Ostseefischern Pomuchel genannt) eine Länge von 1½ m und ein Gewicht von 40 kg (das Stockholmer Museum besitzt sogar ein aus der Ostsee stammendes Riesenexemplar von 185 kg Gewicht) erreicht, bleibt der allbekannte, ihm sehr nahe stehende, silbergraue, mit kennzeichnendem schwarzem Schulterfleck gezierte Schellfisch (Gádus aeglefinus) stets wesentlich kleiner. Mit diesen beiden Formen, die nebst ihren zahlreichen Verwandten zu den Kehlflossern gehören und durch schnittigen Körperbau und einen eigenartigen Bartfaden an der Spitze der Unterkinnlade ausgezeichnet sind, lernen wir Fische kennen, die wegen ihrer ungeheuren Vermehrungsfähigkeit (jeder Rogner soll nach den Zählungen fleißiger Forscher 4, selbst 9 Millionen Eier im Leibe tragen!), ihres Auftretens in nur nach Hunderttausenden und Millionen zu schätzenden Heeren und wegen ihrer unersättlichen Gefräßigkeit eine hervorragende Rolle im Haushalt der Natur und namentlich im Stoffwechsel der nordischen Meere spielen. Wegen ihres gern gegessenen und billig zu erlangenden Fleisches haben sie aber auch eine große volkswirtschaftliche Bedeutung für den Menschen erlangt. Ganze Fischerflottillen und Zehntausende von Strandfischern in den verschiedensten Gegenden der nördlichen Halbkugel ernähren sich ausschließlich oder fast ausschließlich vom Dorschfang, und ihre Beute geht in getrocknetem Zustande weit in die Welt hinaus, ist selbst im sonnigen Süden Europas und auf den heißen Plantagen Brasiliens zum Nationalgericht geworden, weil keine andere gleich nahrhafte Fleischkost sich zu einem auch nur annähernd gleich billigen Preise beschaffen läßt. Obgleich die deutsche Dorschfischerei sich nicht entfernt mit derjenigen der Lofoten und Islands oder gar Neufundlands messen kann und obgleich auch in dieser Beziehung die weniger günstige Lebensbedingungen für ausgesprochene Meeresfische bietende Ostsee weit hinter der Nordsee zurücksteht, werden doch allein z. B. in der Bucht von Eckernförde alljährlich mehr als 300000 kg Dorsche gefangen. 240 deutsche Fischdampfer mit je 12—14 Mann Besatzung führen unablässig Krieg gegen den Kabeljau, ununterbrochen Sommer und Winter, Tag und Nacht, und doch vermögen sie kaum dem stets sich steigernden Bedürfnis zu genügen, freilich ebensowenig die unerschöpflich scheinenden Heere dieser Fische merklich zu vermindern. Brehm hat Recht, wenn er den Kabeljau bezeichnet als „einen der wichtigsten Fische der Erde, dem man seit mehr als drei Jahrhunderten unablässig nachgestellt hat, wegen dessen blutige Kriege geführt worden sind, von dem in jedem Jahre mehrere hundert Millionen Stück gefangen werden, und der dennoch diesem Vernichtungskriege Trotz geboten hat, weil seine unglaubliche Fruchtbarkeit die von den Menschen seinen unschätzbaren Heeren beigebrachten Lücken, bisher wenigstens, immer wieder ausfüllte.“ Wahrlich, nicht jedes in ähnlicher Weise verfolgte Geschöpf ist in gleich glücklicher Lage! Sehr zustatten kommen mag den Schellfischen bei'm Kampfe ums Dasein auch der Umstand, daß sie nicht wie die meisten anderen Meeresfische auf bestimmte Tiefenschichten des Wassers angewiesen sind, obschon sie im allgemeinen eine mäßige Tiefe bevorzugen und nur zu der in die Fastenzeit fallenden, übrigens nicht wenig von den anregenden Wirkungen des Golfstroms abhängigen Laichperiode mehr in flachere Gewässer kommen. In diese Zeit fällt auch der Hauptfang, denn dann erscheinen die Fische über gewissen Bänken in dicht gedrängten Heeren, die mehrere Meter hoch und mehrere Kilometer lang im Wasser stehen und immer wieder von frischen abgelöst werden, sobald sie ihren Zweck erreicht haben. Aber auch während die Minne solchen Massenversammlungen ihre Freuden spendet, weicht die den Schellfischen eigene Freßgier nicht von diesen vortrefflichen Schwimmern, und es ist nur gut, daß sich um dieselbe Jahreszeit in den gleichen Gegenden auch unzählige Heringe, Tintenschnecken u. dgl. anzusammeln pflegen, die jenen zur Nahrung dienen müssen. Die blindwütige Gefräßigkeit der Dorsche und Schellfische erleichtert ihren Fang ungemein und macht namentlich auch die Verwendung der Grundangel sehr lohnend. Es ist dies eine etwa 2000 m lange, starke Leine, an der etwa 1200 einzelne Angelschnüre angeknüpft sind, deren Haken mit Heringen, Tintenschnecken oder den Eingeweiden schon gefangener Schellfische beködert werden. Etwa alle 6 Stunden wird sie heraufgeholt, nach dem Auslösen des Fanges frisch beködert, und die Sache kann von neuem losgehen. In der Zwischenzeit handhaben die Fischer aber auch noch fleißig die Handangel und erzielen auch mit dieser bei der Menge der Fische ganz erstaunliche Erträge. Von den größeren Fischdampfern aus fischt man dagegen hauptsächlich mit dem schon beschriebenen Scherbretterschleppnetz. Wenn nun der Netzbeutel (vom Fischer „Steert" genannt) wie eine prall gefüllte Kugel über dem Deck schwebt, löst der Steuermann mit einem geschickten Griff den verschließenden Knoten, und das silbern wimmelnde Gezappel von Fischen ergießt sich wie ein lebender Strom über die schlüpfrig werdenden Planken. Die geübten Leute wissen aber auch mit den größten Massen bald fertig zu werden. Ein grausiges Schlachten beginnt. Ununterbrochen blitzen die blutbefleckten Messer, ein kurzer Schnitt trennt den Kopf vom Rumpfe, in einem Nu fliegen die Eingeweide heraus und der in zwei Hälften zerspaltene Fisch in den eisgekühlten Vorratsraum. Der Dorsch läßt sich in allen seinen Bestandteilen irgendwie verwerten, denn selbst die Eingeweide, soweit man sie nicht aus Zeitmangel den unter gierigem Kreischen die vielversprechende Stelle umschwärmenden Möwen überläßt, müssen ihrerseits wieder als Angelköder Verwendung finden oder werden zu Guano verarbeitet, während die Köpfe als Viehfutter dienen, das in Island merkwürdigerweise selbst die Rinder nicht verschmähen sollen. Die Lebern aber werden in großen Bottichen den Wirkungen der Sonnenstrahlen preisgegeben, verpesten dann faulend mit einem wahrhaft scheußlichen Geruch ganze Hafenstädte des Nordens, liefern aber den in der Heilkunde hochgeschätzten Lebertran, der sich als ein gelbliches Öl auf der Oberfläche der verwesenden Masse absetzt, in geringerer Güte auch durch Auskochen der Lebern gewonnen wird. Der Rogen geht in Blechbüchsen nach den Gestaden des Mittelmeers, wo er den Sardinenfischern als unentbehrlicher Witterungsköder dient. Der Fisch selbst wird auf die verschiedenste Weise zubereitet und in den Handel gebracht, führt auch demgemäß verschiedene Namen. Auf Stangen, Gerüsten oder in offenen Schuppen an der Luft klapperdürr getrocknet heißt er Stockfisch, gesalzen und auf den Strandklippen durch die Sonne gedörrt Klippfisch, in Fässern eingepökelt Laberdan. Besondere Delikatessen sind das nun freilich alles nicht, wohl aber nahrhafte, zuträgliche und billige Ersatzmittel für alle Gegenden, in denen frisches Fleisch ein seltener Artikel ist. Bedeutend wohlschmeckender ist das weiße, etwas derbe Fleisch des frischen Schellfisches, und wenn es selbst heute in der Zeit der Fleischteuerung noch nicht überall die ihm zukommende Beachtung errungen hat, so liegt dies wohl hauptsächlich daran, daß sich die Hausfrauen im Binnenlande größtenteils nicht auf die richtige Zubereitung verstehen. Wenn ihnen der Seefischgeschmack an sich zuwider ist, rate ich ihnen, es einmal mit der Zubereitung von Fleischklößchen (Frikadellen) aus Dorschfleisch zu versuchen. Sehr vorteilhaft ist es, daß sich die Schellfischarten bei ihrer großen Zähigkeit und Anspruchslosigkeit auf verhältnismäßig weite Entfernungen hin lebend versenden lassen, Eigenschaften, die es ermöglichen, die stattlichen Meeresbewohner auch jahrelang in räumlich arg beschränkten Seewasseraquarien besser zu erhalten als irgend einen anderen Seefisch. — Es ist ein Verdienst des norwegischen Professors Sars (eines Schwagers Nansens), nachgewiesen zu haben, daß die 1—1½ mm großen Glaskügelchen, die frei im Meereswasser umherschwimmen, meist Kabeljau-Eier sind. Der sonst in großen Tiefen lebende Fisch sucht zur Laichzeit die seichten Stellen, die Hochplateaus des Meeres auf. Der Laich fällt nicht zu Boden, sondern erhält sich in einer Tiefe von höchstens 14 m treibend. Diese Entdeckung führte weiter zu der Feststellung, daß sich die Eier unserer meisten anderen Nutzfische des Meeres ganz ebenso verhalten. Gerade das Plankton, über dessen Natur und Zusammensetzung wir durch Prof. Hensen-Kiel Klarheit erhalten haben, birgt zahllose solche Eier, die in ihrem ersten Entwicklungsstadium fast gar keine Artunterschiede aufweisen. So sind die Eier des Kabeljaus und des Schellfischs anfangs gar nicht zu unterscheiden. Es sind glashelle Kügelchen mit verhältnismäßig großem Dotter und einigen Fetttröpfchen. Diese Feststellungen haben nicht nur wissenschaftlichen Wert, sondern auch praktische Bedeutung, denn damit ist erwiesen, daß der Fischfang mit tief an den Boden gehenden Netzen die in der Entwicklung begriffene Brut nicht zu schädigen vermag, wie man früher wohl befürchtet hatte.

Einigermaßen Ersatz für Hering und Schellfisch bietet den Anwohnern des Mittelmeers der mächtige Thun (Thynnus thynnus), der durchschnittlich 2 m lang und 120 kg schwer ist, oft aber auch bedeutend größer wird (Abb. 6). Der Eindruck wird noch verstärkt durch den breit ausgeladenen Leibesbau, den dicken Kopf und die ungemein kräftig entwickelten Schwanz- und Seitenflossen des Fisches. Man glaubte früher allgemein, daß der Thun eigentlich im Atlantischen Ozean beheimatet sei und von da lediglich zum Laichen durch

Abb. 6. Thunfisch (Thynnus thynnus).

die Straße von Gibraltar nach dem Mittelländischen, ja sogar von da durch Dardanellen und Bosporus zum Schwarzen Meer ziehe, bis in das Asowsche hinein. Neuere Untersuchungen haben jedoch gezeigt, daß er keine so weiten Wanderungen vollführt, sondern daß die Verhältnisse ähnlich liegen wie beim Hering, daß also der Thun in der Hauptsache Höhenwanderer ist. Er verbringt den größten Teil seines Lebens in den tiefsten Senkungen des Mittelmeers, anscheinend auch in der Bucht von Cadiz, und steigt im Frühjahr empor, um den flachsten Stellen zuzustreben. Dabei berührt er namentlich die Küsten Sardiniens und Siziliens, und hier wird denn auch der ergiebigste und großartigste Thunfang betrieben. Er erfordert wochen- und monatelange Vorbereitungen und Zurüstungen, denn er geschieht in ungeheuren Netzen, sogenannten Tonnaros, wahren Gebäuden aus zähestem Spartogras und bestem Hanf, die 30—50 m

Tiefe und bis zu 1 km Länge haben. Das Auslegen dieser Ungetüme kann nur bei vollkommen ruhiger See stattfinden und muß mit größter Sorgfalt erfolgen, da viel darauf ankommt, daß die Netzwände senkrecht stehen wie Mauern. Zu diesem Zwecke sind sie unten mit Blei- und Eisenstücken beschwert, während sie oben mit Korkschwimmern versehen sind. Das Ganze ist in eine Reihe von aneinander stoßenden Kammern geteilt, die durch Öffnungen in der Netzwand verbunden sind, aber nach Bedarf abgeschlossen werden können. Die vorderste Kammer ist die größte, von ihrem Eingang strahlen noch scherenartig zwei lange Netzflügel aus, um ein Entweichen der Fische nach dem Strande oder der offenen See hin zu verhindern. Die hinterste Netzkammer ist die kleinste, hat den engsten Eingang und ist im Gegensatze zu den anderen auch mit einem Netzboden aus dem engmaschigsten und zähesten Geflecht versehen. Das ist die „Kammer des Todes". Ist endlich das ganze verwickelte Netzgebäude zur Zufriedenheit errichtet, so begeben sich die Fischer wieder an Land und lassen nur wenige Wachboote zurück, die den Einzug der Thune beobachten sollen: ein bei ungünstigem Wetter ebenso schwieriges wie undankbares Geschäft. Die Thune halten zäh an der einmal eingeschlagenen Richtung fest und entschließen sich nicht leicht zum Zurückschwimmen, begünstigen dadurch also noch die Arglist des Menschen, so vorsichtig und schlau sie sonst auch sind. Sie streichen in kleinen Trupps rasch durch die Wellen, oft in keilförmiger Schwimmordnung, aber diese Trupps folgen einander so rasch und ununterbrochen, daß man doch von einer Massenwanderung sprechen kann. Nicht selten stutzen sie beim Eintritt in die Netztore, und die Fischer sind dann genötigt, die furchtsamen Tiere durch Einschaufeln von Sand ins Wasser oder durch das Herablassen eines Schaffells weiter zu scheuchen. Sind ihrer genug in der vordersten, natürlich bis zum Boden reichenden Kammer, so wird der Eintritt in die zweite frei gegeben, damit in jener Platz für neue Ankömmlinge geschaffen werde. So geht es von Kammer zu Kammer und zuletzt in die des Todes. Der sonst so öde Strand dieser Gegenden ist inzwischen zum Schauplatz ausgelassenen Lebens geworden, denn der Thunfischfang ist hier das größte Volksfest, und allenthalben herrscht das bunte und lärmende Lustgetriebe eines Jahrmarkts. Aus flüchtig zusammen genagelten Häuschen und Bretterbuden ist eine ganze Stadt entstanden, und in ihren Gassen schiebt und drängt sich eine aufgeregte, unterhaltungsbedürftige Menschenmenge, Einheimische und Fremde, Fischer und Kaufleute, Handwerker, Wirte und allerlei fahrendes Volk, nicht zuletzt auch Priester, denn ohne den Segen der Heiligen würde ja kein Thunfisch ins Netz gehen. Überall Musik und Gesang, Lachen und Lärmen, Scherzen und Necken, Lieben und Raufen. Alles atmet Leidenschaft und Leben, Aufregung und Feuer, denn die „Tonnara“ ist den Sizilianern das, was den Spaniern die Stiergefechte sind und dem Engländer der Derby-Tag. Endlich steigt als Zeichen dafür, daß die Totenkammer gefüllt ist, am Maste des Wachbootes eine rote Flagge auf, alles eilt nun in wirrem Gedräng unter Jauchzen, Schreien und Brüllen, Mützen- und Tücherschwenken wie besessen zu den harrenden Booten, um so rasch als möglich den Schauplatz zu erreichen. Dort wird unter großen Anstrengungen die Totenkammer heraufgezogen und schließlich ihr Netzboden in Mannestiefe festgelegt. Weißer Schaum bedeckt das Wasser, und die dem Tode geweihten großen Fische peitschen mit verzweiflungsvollen Schwanzschlägen die Oberfläche, rings umgeben von Fahrzeugen voller Menschen, denen die unverhüllte Mordgier und tierischer Fleischhunger aus den Augen blitzen. Die sehnigen, halbnackten, braunen Fischer werden zu erbarmungslosen Schlächtern. Wie Wahnsinnige stechen sie mit spitzen Harpunen blindlings in das weißschaumige, klatschende Fischgewimmel, schlagen mit nagelbesetzten Keulen auf ihre Opfer los, zerfetzen mit Schwertern und Dolchen die großen Fischleiber. Blutigrot färbt sich die blasige Flüssigkeit in der Totenkammer, blutigrot das Meer in weitem Umkreise, und Blut und Schweiß strömen über die vor Aufregung bebenden Menschenleiber, die von dem fanatischen Zujauchzen der blutlüsternen Zuschauermenge in den Booten zu immer neuem Morden angepeitscht werden, bis der letzte Thun verblutet ist oder der ermattete Arm die Harpune nicht mehr zu heben vermag. Es ist ein grausiges Bild bei goldenem Sonnenschein und lachend blauem Himmel, aber so abstoßend es auch auf feiner empfindende Gemüter wirkt, fahren doch reiche Leute genug eigens deshalb nach Sizilien. Als Ludwig XIII. Marseille besuchte, wurde ihm zu Ehren eine große Thunfischmetzelei veranstaltet, die diesem „geschmackvollen“ Herrscher so trefflich gefiel, daß man später oftmals von ihm hören konnte, es sei dies einer der schönsten Tage seines Lebens gewesen. Widerwärtig sind die bluttriefenden Schlächtereien gewiß, aber doch von ungeheurer wirtschaftlicher Bedeutung für alle Länder am Mittelmeer, denn das Thunfleisch ist zwar etwas grob und reichlich trocken, aber nahrhaft und vor allem — billig. Es erfreut sich deshalb in vornehmeren Kreisen keiner sonderlichen Beliebtheit, ist aber für weite Landstrecken das einzige Fleisch, dessen Genuß auch den ärmeren Volksschichten möglich ist, das so eine hochwillkommene Abwechslung zwischen dem ewigen Einerlei von Kaktusfeigen, Bohnen und Makkaroni bildet und damit der sonst unausbleiblichen Unterernährung der Bevölkerung entgegenwirkt. Die ersten jungen Thunfische kommen schon im Juli zum Vorschein

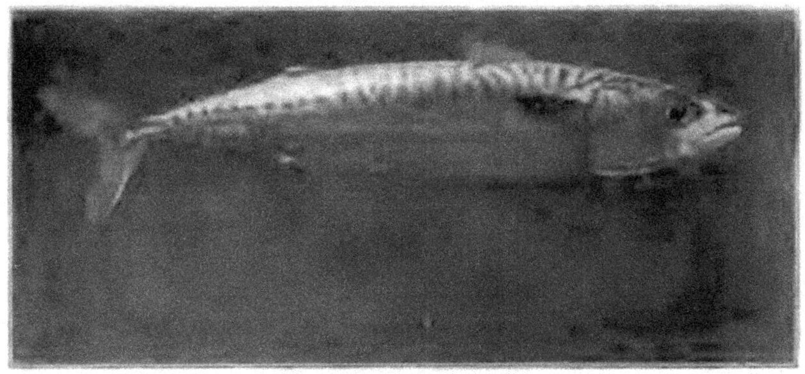

Abb. 7. Makrele (Scomber scomber).
(Phot. von Oberl. W. Köhler, Tegel.)

und wachsen so rasch heran, daß sie bis zum Oktober bereits ein Gewicht von 1 kg erreichen.

Ein kleinerer, schlankerer und weit besseres Fleisch liefernder Vetter des plumpen Thun, die schnittig gebaute Makrele (Scómber scómber) mit der kunterbunten Zeichnung und dem wundervollen Opalschimmer auf dem zarten Schuppenkleid (Abb. 7) ist auch in unseren Meeren häufig. Massenhafter noch wird sie an den englischen und französischen Küsten gefangen und eingesalzen, ja es ist dort schon vorgekommen, daß man die allzu dicht gefüllten Netze ihres ungeheuren Gewichtes halber nicht wieder heraufzuziehen vermochte. Sehr gern folgt die gefräßige Makrele, an der das völlige Fehlen der Schwimmblase das Merkwürdigste ist, den großen Heringsheeren und zehntet sie nach Kräften. In England bildet auch das Angeln dieser wanderlustigen Fische vom Segelboot aus bei scharfer Brise einen beliebten Sport. Während die Makrele und noch mehr die fern von den Küsten im Atlantik Flugfische jagende und ihnen nachspringende Bonite (Scómber pelámys) vorzügliche Schwimmer sind, vermag der verwandte Schiffshalter (Echenéis remora) nur matte und plumpe Schwimmbewegungen zu vollführen. Er macht sich deshalb das Reisen gern bequem und läßt sich lieber von flinkeren Fischen fortschleppen, was ihm dadurch ermöglicht wird, daß seine vordere Rückenflosse zu einer breiten Haftscheibe umgewandelt ist, mit der er sich am Bauche seines Reisemarschalls festsaugt. Am liebsten wählt er dazu Haie, wohl weil deren rauhe Haut einen besonders sicheren Halt gewähren mag und weil sie weite Meeresstrecken durcheilen. Übrigens begnügt sich der Schiffshalter mit der Rolle des blinden Passagiers und wird nicht etwa zum Schmarotzer. Deshalb ist ihm auch ein Schiffsrumpf ebenso recht wie ein Fischleib, zumal ja immer allerlei nährstoffreiche Abfälle über Bord geworfen werden, worauf sich dann der Echeneis von seinem Platze löst und ihnen unter schlängelnden Bewegungen zustrebt.

In weiterer Ausbildung werden solche Symbiosen nicht selten zu echtem Raumparasitismus. In allen Meeren der Erde werden kleine Seefische gefunden, die irgendwelchen Leibesteil eines besonders wehrhaften Tieres sich zur Zufluchtsstätte erkoren haben und ihren Wirt gewöhnlich zwar nicht merklich schädigen, ihm aber auch keine Gegendienste für das gewährte schützende Obdach leisten. Am bekanntesten in dieser Beziehung ist Fierásfer acus, ein kaum 20 cm langes, gelblichweißes Fischchen von fast durchsichtiger Zartheit ohne Bauchflossen und mit weit nach vorn gerückter Afteröffnung. Er benutzt als Wohnung die sogenannten Wasserlungen der Seegurken, dieser absonderlichen Geschöpfe, die die merkwürdige Gewohnheit haben, die eigenen Eingeweide auszuspeien, wenn sie gereizt werden. Der Fisch dringt mit dem Schwanzende in die Afteröffnung seines Wirtes ein, schiebt allmählich den ganzen Körper nach und sieht nur noch mit dem Kopfe heraus. Das Atemwasser der Seegurke, das abwechselnd ein- und ausströmt, versorgt den Fierasfer mit Nahrung in Gestalt kleiner Krebstierchen. Manchmal aber, wenn sich ihm ein besonders fetter und leckerer Bissen darbietet, schießt er, wie Bergmann beobachtet hat, aus seinem Verstecke hervor. Möglich, daß er seinen Wirt auch von schmarotzenden Krebstierchen befreit; jedenfalls verursacht er ihm gewöhnlich keinerlei Unbequemlichkeiten. Wohl aber ist dies der Fall, wenn sich mehrere Fischchen in der gleichen Seegurke ansiedeln, die dadurch sogar zugrunde gehen kann. Bisweilen findet sich Fierasfer auch in anderen Seetieren, wie Seesternen, Quallen und Muscheln. So besitzt das britische Museum einige Stücke, die aus echten Perlmuscheln stammen und von diesen mit einer glänzenden Perlmutterschicht überzogen wurden. Der durch seitliche Bepanzerung ausgezeichnete Stöcker (Cáranx trachúrus), auch Halbmakrele genannt, der bisweilen in ungeheuren Schwärmen an den englischen Küsten auftaucht, aber wegen seines minderwertigen Fleisches nur wenig Beachtung findet, gehört im Jugendzustande gleichfalls zu den Raumparasiten, denn er lebt dann zwischen den Mundarmen und Tentakeln von Quallen, die ihn durch ihre Nesselzellen gegen Feinde schützen. Die jungen Fischchen kommen nur aus den Quallen hervor, wenn alles ringsum sicher erscheint, während sie sich beim geringsten Anzeichen von Gefahr sofort in ihre Schlupfwinkel flüchten. Der prächtig gefärbte Amphíprion bicínctus führt in ähnlicher Weise mit einer großen Seerose gemeinsamen Haushalt; stülpt sie sich ein, so läßt sich der Fisch ruhig von ihren Tentakeln bedecken, woraus sich schließen läßt, daß er gegen das Nesselgift unempfindlich sein muß. Auch stark bewehrte Seeigel müssen manchen kleinen Meeresfischchen als Wohnung dienen. Plate fand während seines Aufenthaltes auf den Bahama-Inseln einen nur 3—6 cm langen, gelblich-weißen, schmutzigbraun gepunkteten Fisch, Apogonichthys strómbi, in der Mantelhöhle von Riesenschnecken (Strómbus gigas), die dort als ein beliebtes Volksnahrungsmittel regelmäßig zu Markte gebracht werden. Wahrscheinlich verläßt hier der Einmieter das Wirtstier nur nachts, um auf Krebstierchen und Meeresasseln Jagd zu machen. Selbst in unseren nordischen Meeren fehlt es nicht an verwandten Erscheinungen. So konnte bei der Suche nach den Wohnplätzen der jungen Schellfische und Kabeljaue festgestellt werden, daß deren Auftreten auf das innigste mit dem mehr oder minder häufigen Vorhandensein von Kornblumenquallen zusammenhing. Bei ruhiger See ließ sich denn auch deutlich beobachten, wie die jungen Fische sich beständig zwischen den langen Nesselfäden der Quallen aufhielten, und wie ihre Eigenbewegung sich ganz darauf beschränkte, dem ruckweisen Weiterschwimmen der Quallen nachzukommen, die ihnen also zu Schirmherrn im wahrsten Sinne des Wortes geworden waren.

Nächst den Heringen und Schellfischen sind die der großen Gruppe der Plattfische oder Schollen (Abb. 8) angehörenden Arten die wichtigsten Nutzfische unserer Meere. Naturgeschichtlich interessant sind sie schon durch ihre weitgehende Anpassungsfähigkeit an die Farbe des Untergrundes und durch ihr damit im engsten Zusammenhang stehendes Farbwechselvermögen. Aber selbst diese wunderbaren Eigenschaften erscheinen den Plattfischen noch nicht ausreichend, um sich gegen die

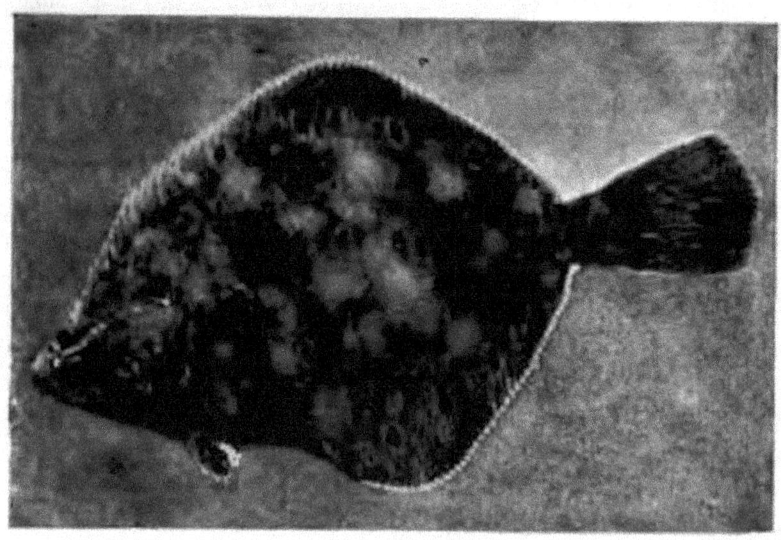

Abb. 8. Scholle. (Phot. von F. Ward.)

Nachstellungen der gefräßigen Raubfische zu sichern und sich selbst vor den Augen ihrer Opfer zu verbergen. Der größeren Sicherheit halber wühlen sie sich vielmehr gleich ganz in den Sand ein, so daß nur ein Teil des Kopfes mit den gleich blaugrünen Perlen funkelnden Augen hervorsieht. Dieses Einpaddeln geschieht mit so fabelhafter Schnelligkeit, daß man die einzelnen Bewegungen dabei kaum festzustellen vermag. Man sieht nur ein Aufwirbeln des Sandes, hastig zitternde und flimmernde Bewegungen der langen Bauch- und Rückenflossen, und der Fisch ist auch schon fast spurlos verschwunden. In Wirklichkeit vollzieht sich die Sache nach den Beobachtungen E. Schmidts so, „daß die Flunder einmal fest mit dem ganzen Körper den Sand peitscht, der dadurch etwas ausgehöhlt wird. Zugleich schaufelt sie mit den großen Randflossen Sand auf die Körpermitte, der durch die dabei erzeugte Strömung gleichmäßig über den ganzen Fisch verteilt wird und diesen so dem Blick des Beobachters oder im Freien dem Auge des gierigen Raubfisches entzieht." Das eben erwähnte Auge der Plattfische verdient in doppelter Beziehung noch eine kurze Würdigung. Einmal ist es das einzige mir aus eigener Anschauung bekannte Fischauge, das einen gewissen seelischen Ausdruck widerspiegelt: es schaut förmlich klug, ja schelmisch und listig in die von unliebsamen Gefahren aller Art erfüllte Unterwasserwelt. Zugleich sind diese prachtvoll gefärbten Augen, die durch eine stark entwickelte Nickhaut geschützt erscheinen, von einer höchst seltsamen Beweglichkeit, denn sie können nicht nur nach den verschiedensten Richtungen hin willkürlich gedreht, sondern auch wie die der Frösche aus ihren Höhlen hervorgehoben und wieder zurückgezogen werden. In diesem unausgesetzten Augenspiel spiegelt sich jede seelische Erregung des Fisches ebenso deutlich wieder wie die des Hundes in seinen Schwanzbewegungen oder die gewisser Vögel in dem verschiedenartigen Zucken mit den Flügeln. Das Allermerkwürdigste ist aber nun der Umstand, daß bei der ausgebildeten Scholle beide Augen auf ein und derselben Körperseite liegen, wie überhaupt ihre ganze Kopfbildung derart unsymmetrisch ist, ja so verschroben erscheint, daß sie in dieser Beziehung im gesamten Wirbeltierreiche geradezu einzig dasteht. Freilich ist dem nicht von allem Anfang an so. Die dem Ei entschlüpften und sich massenhaft an der Oberfläche des Meeres herumtreibenden jungen Schollen sind nämlich noch ganz nach dem regelrechten Fischtypus gebaut, schwimmen auch in der sonst allgemein üblichen Weise mit dem Rücken nach oben und dem Bauch nach unten, haben auf jeder Gesichtshälfte je ein Auge und bergen im Innern ihres überaus zarten, fast glashellen und durchsichtigen Körpers eine stark entwickelte Schwimmblase, während zugleich die sonstige Beschaffenheit der inneren Organe unverkennbar darauf hinweist, daß makrelenartige Hartflosser etwa vom Typus der Gattung Zëus (Petersfische) ihre dereinstigen Vorfahren gewesen sein müssen. Aber schon nach kurzer Frist gehen sie vom lockeren Herumschwärmen zu einer soliden und untätigen Lebensweise über, indem sie immer größere Zeiträume in träger Ruhe auf dem Boden verbringen und sich hierbei auf eine Seite legen. Dieser neuen Lebensart paßt sich nun ihr ganzer Organismus in einer ans Wunderbare streifenden Weise an. Der Körper wird immer flacher und platter, bis er schließlich die fast scheibenförmige Form erreicht, die uns von den geräucherten Flundern her so wohl vertraut ist. Die dem Sand aufliegende Unterseite bleibt mehr oder minder farblos, während die Oberseite das geschilderte Farbwechselvermögen erhält. Die überflüssig gewordene Schwimmblase verkümmert rasch und verschwindet schließlich gänzlich, ein Vorgang, der durch den starken Druck von Wasser und Sand und durch die Einengung der Bauchhöhle wesentlich beschleunigt wird. Das auf der Unterseite nutzlos gewordene Auge aber rückt allmählich über die Scheitelmitte hinweg, und bei solchen Arten, bei denen die Rückenflosse bis zum Scheitel reicht, sogar unter jener hindurch zur Oberseite hinüber, die auf diese Weise zwei wohl ausgebildete Augen erhält. Wie der absonderliche Vorgang eigentlich des näheren zu erklären ist, darüber herrscht unter den Gelehrten noch keineswegs völlige Einstimmigkeit. Während die einen von einem ungleichmäßigen Wachstum beider Schädelhälften sprechen, fassen andere die Augenwanderung als eine mehr aktive auf, wobei der Einfluß des Lichtes der wirksame Faktor sein soll. Jedenfalls erfolgt sie schon zu einem Zeitpunkte, wo die Schädelknochen noch weich und knorpelig sind, also keinen großen Widerstand entgegensetzen. Hand in Hand damit geht auch eine entsprechende Veränderung der Augenmuskeln, deren spätere, auffallend große Beweglichkeit damit im engsten Zusammenhange stehen mag. Ebenso wird das Maul vollständig nach oben verdreht, so daß der alte Gesner ganz recht hat, wenn er von einem „widerwärtig gesetzten Kopf" spricht. Da die jungen Schollen schon sehr frühzeitig zu der dem Meeresboden anklebenden Lebensweise übergehen und von ihren verschiedenen Schutzmitteln gar bald den besten Gebrauch zu machen wissen, sind sie weit weniger als andere Jungfische den Nachstellungen der Meeresräuber preisgegeben, und so erklärt es sich, daß die Menge der Plattfische in allen Meeresteilen mit geeignetem Untergrund (Schlamm und Schlick wird gemieden, Sand vor feinem Geröll und dieses vor grobem bevorzugt) eine gewaltig große ist, obschon die Zahl der im Spätfrühling oder Frühsommer abgesetzten, frei, nahe der Oberfläche, treibenden und deshalb nur wenig geschützten Eier nur eine verhältnismäßig geringe ist, jedenfalls der vieler anderer Fische weitaus nachsteht. So kommt es, daß die Plattfische, die sich durch ein außerordentlich schmackhaftes Fleisch auszeichnen, das bei seiner Haltbarkeit sich namentlich auch zum Versand nach dem Binnenlande eignet, volkswirtschaftlich eine große Rolle spielen und ihr Fang jahraus jahrein Tausende von Fischern an den Nord- und Ostseeküsten beschäftigt, wobei freilich die deutschen so ziemlich in letzter Reihe stehen oder doch wenigstens vor kurzem noch standen. Die schönen Zeiten allerdings, wo auf dem Londoner Markte das Dutzend dreipfündiger Goldbutten vergeblich um einen Penny ausgeboten wurden, sind leider wohl für immer vorüber, ja bei einigen besonders geschätzten Arten,

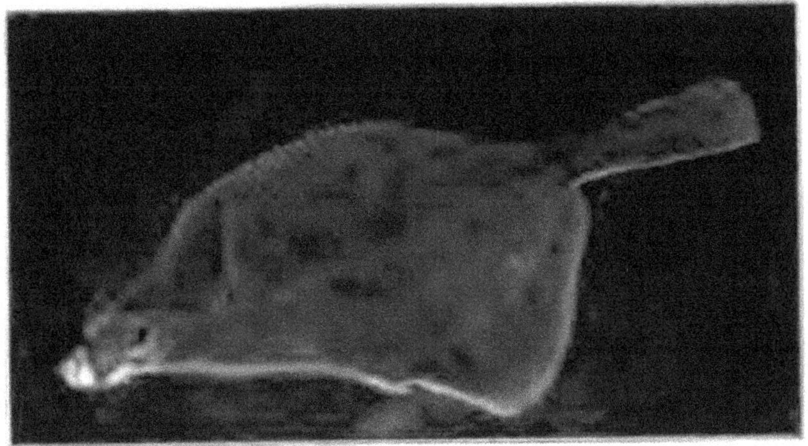

Abb. 9. Flunder (Pleuronectes flesus.)
(Phot. von Oberlehrer W. Köhler, Tegel.)

wie bei der delikaten Seezunge, macht sich infolge allzu schonungsloser Nachstellungen schon eine so besorgniserregende Abnahme bemerkbar, daß man bereits auf das Aushilfsmittel der künstlichen Zucht verfallen, dabei über das Stadium der Versuche aber noch nicht viel hinausgekommen ist. Tagsüber ruhen die Schollen gewöhnlich träge im Sande, und erst gegen Abend beginnen sie zur Jagd auszuziehen, wobei sie sich unter wellenförmiger Streckung des auch jetzt flach liegenden Leibes und seiner sehr schmiegsamen Flossen recht zierlich vorwärts bewegen und dabei die Schwanzflosse gewissermaßen als die treibende Schiffsschraube benutzen. Die kleineren Arten begnügen sich mit allerlei Gewürm, Krebs- und Muscheltierchen, aber die großen sind tüchtige Räuber, die sich selbst an die wehrhaften Rochen wagen. Bedrohte Plattfische schießen blitzschnell im Zickzack durchs Wasser, um sich dann schleunigst wieder im schützenden Sande einzupaddeln.

Die dem Binnenländer wenigstens von genossenen Tafelfreuden her bekanntesten Arten sind der stattliche Steinbutt (Rhómbus máximus), der eine Länge von 1 m und ein Gewicht von 35 kg erreichen kann (Abb. 10, Fig. 4), und die wesentlich kleinere Flunder (Pleuronéctes flésus), die häufig auch in unseren Binnengewässern gefangen wird, da sie sich mit Vorliebe in den Strommündungen aufhält und von hier gern weite Wanderungen stromaufwärts unternimmt (Abb. 9). Da sie sich also mit Leichtigkeit an Süßwasser gewöhnt, weshalb auch Zuchtversuche mit ihr viel aussichtsreicher wären, als mit anderen Arten, sind die allerliebsten kleinen Jungflundern geeignete Aquarienfische, die sehr viel Vergnügen gewähren, obschon ihre Eingewöhnung und Pflege doch nicht ganz so einfach ist, wie Brehm angibt. Eine häufige Erneuerung oder eine sehr starke Durchlüftung des Wassers und ein ganz niedriger Wasserstand scheinen in Verbindung mit durchaus sparsamer Fütterung die unerläßlichen Bedingungen für ihr Gedeihen zu sein. Weiter wären noch zu nennen der in den deutschen Meeren ziemlich seltene, mächtige Heilbutt (Hippoglóssus vulgáris), der doppelt so groß und schwer wird wie der Steinbutt, der Goldbutt (Pleuronéctes platéssa) und die feiste Seezunge (Sólea vulgáris), womit aber die Liste der regelmäßig oder gelegentlich bei uns vorkommenden Arten noch lange nicht erschöpft ist. Bei der durch besondere Trägheit ausgezeichneten Seezunge finden wir außer der Farbanpassung auch noch eine echte Mimikry-Erscheinung (Nachäffung eines giftigen oder sonstwie besonders gefährlichen Tieres durch eine an sich harmlose und wehrlose Art), wie sie sonst im Reiche der Fische nur selten vorkommt. Mastermann hat nämlich beobachtet, daß aufgestörte Seezungen, sobald ihnen das Versteckenspiel nichts mehr nützt, die stark ausgebildete und mit einem großen, tiefschwarzen Fleck versehene rechte Brustflosse scharf aufrichten und gleich einem düsteren Todesbanner ausbreiten, gerade so, wie es das Petermännchen (Trachínus dráco) macht, das bekanntlich giftig ist.

Es gibt nämlich, obwohl man das früher stark angezweifelt hat, tatsächlich giftige Fische, und ihre Zahl ist sogar durchaus nicht gering, wenn auch die meisten davon in ihrer Verbreitung auf tropische und subtropische Gewässer beschränkt sind. Entweder sitzen

Abb. 10. 1 Dornhai. 2 Nagelroche. 3 Scholle. 4 Steinbutt. 5 Seeteufel. 6 Knurrhahn.

die sackartigen Giftdrüsen im Maule und treten beim Bisse des Tieres in Wirksamkeit, wie es z. B. bei den von den Fischern des Mittelmeers deshalb sattsam gefürchteten Muränen der Fall ist, oder sie befinden sich am Grunde durchbohrter oder gefurchter, besonders harter und spitziger, bisweilen auch wie sprödes Glas abbrechender und in der Wunde stecken bleibender Stacheln an den Kiemendeckeln, Rücken- oder Schwanzflossen. So vermag auch das Petermännchen mit seinen scharfen Rückenstacheln recht empfindlich zu verletzen, und das dann in die Wunde eindringende Gift zieht etwa dieselben Folgen nach sich, wie ein tüchtiger Skorpionstich, während sie bei gewissen exotischen Formen noch weit unangenehmer sind. Obwohl das Fleisch des Petermännchens recht wohlschmeckend und auch durchaus bekömmlich ist, wollen deshalb die Fischer nicht viel von dem an sich recht hübschen Fisch wissen, sondern werfen ihn in vielen Gegenden, wenn er einmal zufällig mit in ihre Netze geriet, wieder ins Meer zurück, gewissermaßen als eine Art Opfergabe für Petrus, den Fischerschutzheiligen, wodurch sich auch der auffällige Name des eigentümlichen Geschöpfs erklären mag. Es bewohnt sandige, aber nicht zu flache Stellen unserer Meere und wühlt hier seinen stark zusammengepreßten, messerartigen Leib gewöhnlich so weit im Boden ein, daß nur die vorstehenden, nach oben gerichteten Augen herausragen. Sowie sich aber eine Garnele oder ein kleines Fischchen in der Nähe blicken läßt, schnellt der Räuber mit einem plötzlichen Ruck hervor, erhascht und verschlingt sein Opfer und läßt sich dann mit zierlichem, wellenförmigem Schwung wieder zum Boden herabtaumeln, indem er gleichzeitig durch hastige Bewegungen der langen Bauchflosse eine Sandwolke erzeugt und sich geschickt in diese einbettet. Gefürchteter noch als unser Petermännchen ist der gleichfalls zu den Panzerwangen gehörige Zauberfisch (Synancéja verrucósa), der im Roten, Indischen und Stillen Meere vorkommt. Wie das Petermännchen hält sich auch diese Art zwischen Steinen und Seetangen, halb im Schlamm vergraben, am Meeresgrunde versteckt und ist für die nackten Füße der zum Baden oder Schwimmen ins Wasser gehenden Strandbewohner um so gefährlicher, als seine warzige Haut in ihren Farbentönen so genau der Umgebung entspricht, daß auch das schärfste Auge ihn kaum von ihr zu unterscheiden vermag. Sobald aber jemand auf ihn tritt, erhebt er sich, spreizt die Rückenstacheln und bohrt sie tief in den Fuß des

Unglücklichen. Klunzinger lernte Fälle kennen, wo ein solcher Stich sofortige Ohnmachtsanfälle zur Folge hatte, ja sogar Todesfälle sollen vorkommen, wenn auch wohl nicht unmittelbar durch den Stich, sondern wahrscheinlicher durch Brandigwerden der vielleicht schlecht behandelten Wunde. Bei diesen beiden Arten wie auch bei dem von den französischen Fischern bestgehaßten Vipernfisch (Trachinus vipera) stellt sich das Gift dar als eine bläuliche, leicht opalisierende Flüssigkeit, die namentlich auf Herz und Rückenmark einwirkt. Bei anderen Fischen scheint das ganze Blutwasser wenigstens zeitweise giftige Eigenschaften zu besitzen, weshalb auch ihr Genuß schwere Gesundheitsstörungen nach sich ziehen kann. Doch scheinen dabei auch örtliche Verhältnisse eine noch wenig aufgeklärte Rolle zu spielen, indem das Fleisch der gleichen Fischart je nach seiner Herkunft sehr gefährlich oder völlig unschädlich sein kann. So fand Johannes Müller auf den Marschallinseln einen von den Eingeborenen „Langi" genannten makrelenartigen Fisch, dessen Fleisch, wenn es in der Lagune erbeutet war, heftige Vergiftungserscheinungen zeitigte, sich dagegen als wohlbekömmlich erwies, wenn die Fische dem freien Meere entstammten. Auch die Lagunenfische verloren ihre unangenehme Eigenschaft, wenn man sie vor dem Abtöten für einige Wochen in Brackwasser setzte. Müller vermutet, daß das Stagnieren des Lagunenwassers mit der Giftwirkung in Zusammenhang stehe, die ihrerseits in ihren Erscheinungen stark an Alkoholgift erinnere. Die giftigsten Geschöpfe des Ozeans sind ohne Zweifel die verschiedenen Arten von Seeschlangen, die freilich nicht etwa mit den berüchtigten Seeschlangen seefahrender Münchhausens gleichbedeutend sind. Auch von dem üblen Rufe dieser gefürchteten Tiere haben gewisse Fische durch eine weit getriebene Mimikry Nutzen gezogen. Selbst ein so geübter Forscher wie Dahl hielt den ersten derartigen Fisch aus dem Indischen Ozean, der ihm zu Gesichte kam, zunächst für eine Seeschlange und erkannte erst bei näherer Untersuchung seine Fischnatur. Der Körper war ganz schlangenartig, das Flossenwerk bis auf einen schmalen, kaum wahrnehmbaren Saum rückgebildet, und auch die prachtvolle Färbung der in den gleichen Meeresteilen lebenden Seeschlangen, hellblau mit tiefschwarzer Ringelung, fehlte nicht.

Die oben erwähnten Muränen, die den römischen Schlemmern als ein ausgesuchter Leckerbissen galten und auch heute noch auf den Fischmärkten der Mittelmeerländer sich großer Beliebtheit erfreuen, haben auf ihrem glatten, aalartigen und schuppenlosen Fettleib gleichfalls recht hübsche Zeichnungen aufzuweisen. So ist Muraéna héléna, die häufigste Art, auf gelblichem Untergrunde in reizender Musterung dunkelbraun marmoriert. Über den Charakter dieser am Meeresgrund in zerklüftetem Gefels und zwischen Steinblöcken in der Nähe der Küste hausenden Fische ist aber wenig Rühmliches zu sagen, denn sie gehören zu den zänkischsten, boshaftesten und gefräßigsten Tieren, worauf schon ihr tief gespaltener, zahnstarrender Rachen hinweist. Ungeschickte Fischer (man pflegt die Muränen zu angeln) haben schon oft durch die langen und spitzen Zähne der wütenden und sich nach Kräften wehrenden Gefangenen empfindliche Verwundungen davongetragen. Das offene, sich unablässig bewegende Maul sieht aus, als ob es beständig keife, und es klingt ganz glaubhaft, daß diese Biester, wenn sie nicht genug Tintenschnecken und Krebse zur Stillung ihres gewaltigen Hungers finden, sich gegenseitig die Schwänze abknabbern. Noch aalartiger als die dazu etwas zu hoch gebauten Muränen sieht der 3 m lang und 50 kg schwer werdende Meeraal (Cónger vulgáris) aus, der gleich unserem Flußaal ein jugendliches Larvenstadium als Leptocephalus durchmachen muß und schon dadurch seine nahe Verwandtschaft zu ihm erweist. Auch der Meeraal ist ein gefräßiger Raubfisch, selbst jedoch wenig schmackhaft, hält sich aber dafür gut im Aquarium. Gefangen wird er hauptsächlich in dunklen Nächten an mit Pilchards geköderten Legangeln, und da sein Fleisch sehr niedrig im Preise zu stehen pflegt, findet es immerhin willige Abnehmer.

Nicht so häufig wie des Giftes bedienen sich einzelne Fische der elektrischen Kraft zur Abwehr oder zur Lähmung ihrer Beute, und sie stehen in dieser Beziehung im Tierreiche einzig da. Am meisten ist die Fähigkeit, elektrische Schläge auszuteilen, bei zwei Süßwasserfischen ausgebildet, dem südamerikanischen, von Humboldt so glänzend geschilderten Zitteraal und dem afrikanischen Zitterwels, aber auch einer der gewöhnlichsten Charakterfische des Mittelländischen Meeres, nämlich der Zitterrochen (Torpédo marmoráta) gehört hierher. Dieser flach, plump und breit gebaute, 1½ m lang, 1 m breit und 30 kg schwer werdende Fisch war gerade seiner allerdings nicht richtig gedeuteten elektrischen Eigenschaften wegen schon den Alten bekannt und spielte in ihrer Arzneikunst eine nicht geringe Rolle; namentlich Claudius Galenus, nächst Hippokrates der berühmteste Arzt des Altertums, empfahl im 2. Jahrhundert n. Chr. das Auflegen von Zitterrochen auf den kranken Körperteil, weil sie eine heilsame magnetische Wirkung ausüben sollten. Die Griechen nannten den Zitterrochen wegen der durch seinen Schlag hervorgerufenen Lahmlegung des ihn berührenden menschlichen oder tierischen Körpers Narke, d. h. der Betäubende (daher auch narkotisieren = betäuben), die Römer Torpedo, d. i. der Lahmleger. In der Tat vermag ein kräftiger alter Zitterrochen durch seinen Schlag den Arm eines Mannes zu lähmen, wenn seine elektrische Kraft auch nicht an die des Zitteraals heranreicht, und es ist deshalb beim Baden in an Zitterrochen reichen Meeresteilen immerhin eine gewisse Vorsicht angebracht. Nach mehreren, kurz aufeinander folgenden Entladungen läßt aber die Kraft des Fisches nach, und schließlich vermag er nur noch ein leises Zittern hervorzurufen und bedarf dann geraumer Zeit, um seine elektrische Batterie wieder in leistungsfähigen Zustand zu versetzen. Im Wasser wirkt der Schlag stärker als in der Luft, und er wird um so heftiger empfunden, je größer die berührte Fläche ist. Um ihn auszulösen, müssen die positiv-elektrische Rücken- und die negativ-elektrische Bauchseite des Fisches gleichzeitig berührt werden, wobei aber schon die Herstellung einer mittelbaren Verbindung durch ein Stück Tau oder dergleichen genügt, und zwar ist die Wirkung an der dicksten Körperstelle des Fischleibes am merklichsten. Die Entladung ist aber auch vom Willen des Tieres abhängig, stellt sich also erst dann ein, wenn man es genügend reizt. Daß es sich bei alledem wirklich um elektrische Erscheinungen handelt, ist nicht nur durch die physiologischen Wirkungen, sondern auch durch chemische Versuche (Wasserzersetzung, Zerlegung von Jodkalium, Wärmeentwicklung) unzweifelhaft nachgewiesen. Erzeugt wird die Elektrizität in einem besonderen, sehr umfangreichen Organ, das zu beiden Seiten des Rückenmarkes einen beträchtlichen Raum im vorderen Teile des Fischkörpers ausfüllt und aus zahlreichen, nach Art der Bienenzellen aneinandergereihten Scheiben oder Platten besteht, die heute von den meisten Gelehrten als abgeändertes Muskelgewebe gedeutet werden. Vom vierten Lappen des Kleinhirns entsendet der lobus electricus eine Reihe von Nervenpaaren in dieses Organ, die sich daselbst rasch aufs feinste verzweigen, und als eine körnig-schleimige Masse in Form kleiner Kugelzellen endigen. Die einzelnen Scheibchen sind zu Säulen zusammengestellt, und zwar beim Zitterrochen so, daß ihre Achsen von der Rücken- zur Bauchseite gerichtet sind, während sie beim Zitteraal und Zitterwels in der Längsrichtung des Fischkörpers verlaufen. D'Arsonval, dem wir die wohl beste und einleuchtendste Erklärung der ganzen, in ihren Einzelheiten noch rätselhaften Erscheinung verdanken, ist der Ansicht, daß die Tausende von Zellen im elektrischen Organ bei einer stärkeren Reizung des Tieres einer augenblicklichen Formveränderung des Protoplasmas unterliegen, und wenn auch der Spannungsunterschied jeder einzelnen noch so gering ist, muß doch ihre Gesamtheit eine immerhin bedeutende Wirkungskraft hervorrufen, wie sie nach den Untersuchungen Lippmanns stark genug ist, den elektrischen Strom auszulösen. Die erzeugten Wechselströme verdanken also ihre Entstehung molekularen Formveränderungen, und damit ist auch ihre Abhängigkeit vom Willen des Tieres erklärt. Du Bois-Reymond, der sich viel mit den „galvanischen Batterien" dieser Fische beschäftigte, hat die ganz begründete Frage aufgeworfen, wie es wohl kommen möge, daß die Zitterfische nicht selbst die ersten Opfer ihrer Entladungen werden. Eine befriedigende Erklärung für diese merkwürdige Erscheinung konnte noch nicht gefunden werden, man muß sich daher einstweilen mit der auch durch Versuche nachgewiesenen Tatsache begnügen, daß diese merkwürdigen Geschöpfe nicht nur gegen ihre eigenen, sondern auch gegen von außen zugeführte elektrische Entladungen gänzlich unempfindlich sind.

Die sehr kleinen Jungen des Zitterrochens kommen lebend zur Welt und gleichen nach Körperbau und Bewegungsart jungen Haien, haben also noch nicht die flache Rochengestalt. Deren Wirkung wird noch dadurch stark gesteigert, daß die paarigen Flossen mächtig entwickelt und seitlich weit ausgebreitet sind, fast wie Fledermausflügel, während Schwanz- und Afterflosse fehlen und die verkümmerten Rückenflossen dem dünnen, langen Schwanze aufsitzen, der als ein schmächtiges Anhängsel dem breiten Leibe entwächst. Der quergestreckte Mund ist ganz auf die Unterseite gerückt, noch etwas rückwärts und seitwärts von ihm liegen die großen Kiemenspalten. Über die Lebensweise, die derart gestaltete Fische führen müssen, kann von vornherein kein Zweifel sein. Es sind träge Bodenfische, die meist ruhig auf oder im Sande ruhen und nur plötzlich hervorschießen, wenn sich ihren spähenden Augen etwas Genießbares beut. Zumeist ist übrigens die Nahrung der Rochen auf Krebstiere und Jungfische beschränkt, da sie trotz ihrer Größe wegen des eigenartigen Mund- und Zahnbaues umfangreichere Bissen nicht zu bewältigen vermögen. Wohl aber schwimmen sie mit ihren breiten Seitenflossen vorzüglich und schießen durchs Wasser wie Vögel durch die Luft. Das Gebiß ist furchtbar, denn auch die härtesten Panzerkrebse werden zwischen den kraftvollen Kiefern ohne Umstände zermalmt. Hauptwaffe der Rochen ist ihr langer Schwanz, mit dem sie bei Gefahr nach allen

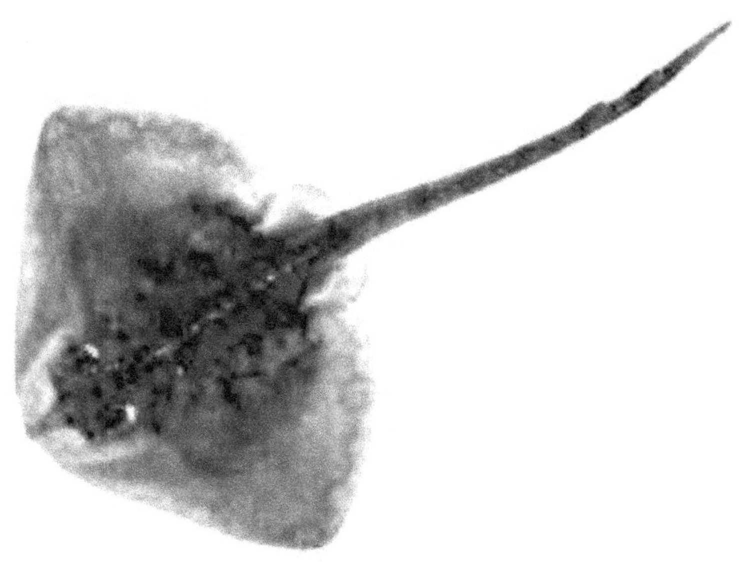

Abb. 11. Nagelrochen (Raja clavata), einen Monat alt.
(Phot. von F. Ward.)

Richtungen hin wütend die Fluten durchpeitschen und dem Gegner die empfindlichsten Verletzungen beibringen, zumal bei manchen Arten dieses Glied noch mit spitzen, angelartigen Stacheln besetzt ist, nicht selten sogar hinzutretende Blutvergiftung die geschlagenen Wunden lebensgefährlich macht. Dies wird schon von dem kleinen, kaum meterlangen **Nagelrochen** (Rája claváta) unserer Küsten berichtet, bei dem sich die dräuenden Stacheln auch auf der Mittellinie des Rückens noch fortsetzen (Abb. 11). Diese Art, deren Fleisch im südlichen England während der Wintermonate gern gegessen wird, pflanzt sich durch Eier fort, doch ist deren Zahl auf 6—10 beschränkt, und das ist gut so, denn wenn die geringe Fortpflanzungsfähigkeit der Rochen nicht wäre, würden diese schädlichen Raubfische vermöge ihrer furchtbaren Bewaffnung bald ein schädliches Übergewicht in den Meeren erlangen. So aber schafft die Natur immer wieder den nötigen Ausgleich und stellt das harmonische Gleichgewicht her. Bei der Nahrungssuche schweift der Nagelrochen unter wellenförmigen Schaukelbewegungen niedrig über dem Meeresboden dahin, und sowie seine äußerst empfindliche Unterseite etwas Genießbares berührt, deckt er es mit seinem breiten Leibe und den großen Seitenflossen und zermalmt es zwischen seinen harten Kiefern. Im Spielen kommen diese seltsamen Fische bisweilen aber auch an die Oberfläche empor, indem sie senkrecht auf- und niedertauchen und dabei zierlich tänzelnde Bewegungen vollführen. Der gefürchtete Stechrochen (Trygon pastináca) der tropischen Küsten hat an seinem langen, dünnen Schwanze zwar nur einen einzigen Stachel, aber dieser ist sägeartig gezähnt. Kommt dem gewöhnlich im Sande oder Schlamm bis an die Augen vergrabenen Fisch etwas Verdächtiges zu nahe, so schwingt er seine Waffe wie eine Peitsche, und der Stachel verursacht dann gar böse und schmerzhafte, sehr schwer heilende Wunden. Die sagenumwobenen Teufelsrochen (im Mittelmeer findet sich noch am ehesten Diceróbatis giórnae) haben zwar auch den Schwanz zu einer Peitschenschnur ausgezogen, aber die Stacheln fehlen, denn für diese Meerungeheuer ist schon ihre fabelhafte Größe genügender Schutz. Hat man doch schon solche „Seeteufel“ von 3—5000 kg Gewicht gefangen, in deren Maule ein sitzender Mensch bequem Platz hatte und deren Breite 6—9 m betrug. Dabei schießen diese mit schier dämonischer Kraft begabten Ungetüme doch außerordentlich behend durchs Wasser und bewegen sich in ihm mit Hilfe ihrer zu riesenhaften Fledermausflügeln umgewandelten Seitenflossen in förmlichen Raubtiersprüngen vorwärts. Harpunierte Teufelsrochen schnellen sich sogar im Sprung aus dem Wasser heraus, und wenn sie dann auf das Boot niederfallen, wird dieses durch ihr ungeheures Gewicht unrettbar zerschmettert. Man verwendet deshalb bei dieser gefährlichen Jagd ganz besonders gebaute und ausgerüstete Boote mit luftgefüllten Zinnbehältern. Kennzeichnend für die in kleinen Trupps zusammenlebenden Teufelsrochen sind zwei armsdicke, meterlange, fleischige, beständig in Bewegung befindliche Taster am Kopf in der

Nähe der Augen. Vielleicht hat Schiller an dieses so vorsintflutlich anmutende Scheusal des Meeres gedacht, als er in seinem „Taucher" von „scheußlichen Klumpen" sang, denn der unförmlich breite Leib mit dem langen Peitschenschwanz und der widerwärtige Schleimüberzug der schmutzig gefärbten Haut machen diese furchtbaren Riesenrochen in der Tat zu höchst abschreckenden Erscheinungen.

Die Rochen gehören wie die Haie zu den Knorpelfischen; den Übergang zwischen diesen beiden großen Gruppen mögen uns „des Hammers greuliche Ungestalt" und der abenteuerlich geformte Sägefisch (Prístis antiquórum) vermitteln. Dieser gehört seinem Aussehen nach zu den Haien, nach seinem inneren Körperbau aber zu den Rochen und ist sehr ausgezeichnet durch den zu einer bis 2 m langen Doppelsäge ausgezogenen Oberkiefer. Mit dieser furchtbaren Waffe soll der Sägefisch kleinere Fische förmlich zersäbeln, aber auch größeren, selbst Delphinen und Walen bei lebendem Leibe ganze Stücke Fleisch herausreißen oder die Eingeweide zum Hervorquellen bringen, um sie zu verschlingen. Sicheres darüber wissen wir nicht, sind überhaupt über die Lebensweise dieser absonderlichen Fische erst höchst dürftig unterrichtet. Kann man den Sägefisch als einen Rochen in Haigestalt bezeichnen, so darf umgekehrt der auch in der Nordsee gelegentlich vorkommende Meerengel (Rhína squátina) ein Hai in Rochengestalt genannt werden. Er ist ein stumpfsinniger und träger Bodenfisch, ein wahres Faultier des Meeres und macht seinem schönen Namen wenig Ehre. In diesem Zusammenhange sei auch gleich noch die verwandte Seekatze, Chimäre oder Spöke (Chimaéra monstrósa) erwähnt, ein gar absonderlicher Fisch mit mächtigem Dickkopf, kegelförmiger Schnauze, aufrichtbarem, gestacheltem Stirnfortsatz (daher auch „Königsfisch"), dünnem Fadenschwanz („Seeratte"), flügelartigen Brustflossen, auffallend stark ausgeprägter Seitenlinie und in metallischem Grün funkelnden Augen. Sie hat schon im Devon, wahrscheinlich sogar schon im Silur unmittelbare Vorfahren gehabt, stellt also ein uraltes Geschlecht dar. Heute fürchten die Fischer ihr zermalmendes Gebiß, schätzen aber ihre ölreiche Leber zur Bereitung von Wundsalben. Der Hammerfisch (Zygaéna málleus) endlich konnte kaum einen anderen Namen erhalten, weil sein ungefüger Kopf unwiderstehlich an die Hammergestalt erinnert und um so auffallender wirkt, als die Augen an den äußersten Enden der knorpeligen Seitenvorsprünge sitzen. Diese wilde und verwegene scharfbezahnte Bestie wird über 4 m lang, 2—300 kg schwer und hält sich zumeist auf schlammigem Meeresboden auf, wo sie heißhungrig auf die kleineren Rochenarten Jagd macht.

Die Haie selbst gelten als die „Hyänen des Meeres", und noch treffender könnte man sie als die „Wölfe der Salzflut" bezeichnen. Ihre Raubgier und Unersättlichkeit, ihre Hinterlist und Verwegenheit sind sprichwörtlich geworden. Sie sind eine wahre Geißel der warmen Meere und werden nicht selten auch dem Menschen gefährlich, verleiden ihm das erquickende Bad und erschweren ihm das Tauchen nach Perlen und anderen Meeresschätzen. Immerhin ist auch viel über sie gefabelt, und ihre Menschenfresserei stark übertrieben und aufgebauscht worden. So viel dürfte sicher sein, daß die große Mehrzahl der Menschenteile, die man in erlegten Haien vorfindet, von den Leichen Ertrunkener herrührt. Vielleicht bilden sich auch unter den Haien in ähnlicher Weise bestimmte Menschenfresser heraus wie unter den Löwen und Tigern, während anderseits sowohl aus den nordischen wie aus den tropischen Meeren Beispiele genug dafür bekannt sind, daß sich Menschen beim Baden oder gelegentlich irgendwelcher Verrichtungen unbesorgt und ungestraft stundenlang unter ganzen Scharen von Haifischen tummelten. Natürlich macht Gelegenheit Diebe, auch im Wasser, und es steht fest, daß Schiffskatastrophen, Seeschlachten und Erdbeben in Küstenländern immer auch mehr oder minder auffallende Ansammlungen von Haifischen zur Folge haben, die bei solchen Gelegenheiten bequem Beute machen und den ins Wasser gefallenen Menschenkindern ein lebendes Grab bereiten. Besonders arg sollen sie's während und nach der Seeschlacht von Abukir getrieben haben, und ebenso zeigten sich nach dem Erdbeben von Messina ungewöhnlich viel Haie. Ein dort einige Wochen später gefangener Carchárodon carchárias z. B. hatte die traurigen Reste von nicht weniger als 3 Menschen im Leibe, und zwar ergab sich aus den genauen Untersuchungen Prof. Condorellis, daß das Ungetüm die Unglückseligen, die wohl während des Bebens von einer Flutwelle in die See hinausgespült worden waren, noch lebend verschluckt haben mußte. Die einzelnen Leichenteile waren noch ganz frisch, wieder ein Beweis dafür, wie auffallend langsam die Verdauungstätigkeit im Haifischmagen vor sich geht. Der Seeminenkrieg mit seinen starken Erschütterungen des Wassers scheint dagegen weniger nach dem Geschmack der Haie zu sein. Wenigstens wird behauptet, daß die vielen Seeminen im russisch-japanischen Kriege eine ersichtliche Abwanderung der gerade in den chinesischen Gewässern sonst sehr zahlreichen Haie bewirkt hätten und daß die greulichen Raubfische dafür in der Adria ungewöhnlich zahlreich aufgetreten seien. Letzteres ist nicht zu leugnen und steht wohl damit im Zusammenhang, daß seit Eröffnung des Kanals von Suez den Haien das Einwandern vom Indischen Ozean zum Mittelmeer sehr erleichtert worden ist, weshalb auch am schönen Strande der Riviera manchmal der Schreckensruf „Ein Hai!" das sorglose Badeleben stört. Im Jahre 1908 wurde dort ein riesiger Menschenhai gefangen, und selbst in unseren Meeren kommt dies gelegentlich vor, namentlich bei Helgoland, wo ein im Januar 1907 mit dem Grundnetz erbeuteter Hai nicht weniger als 3 Zentner Heringe im Leibe hatte. Die Freßgier dieser Tiere leistet eben Unglaubliches, und beständig scheint sie nagender Heißhunger zu quälen und zum gierigen, wahllosen Verschlingen auch der scheinbar ungeeignetsten Gegenstände anzuspornen. Deshalb findet man in Haifischmägen oft die absonderlichsten Dinge, namentlich oft Sardinen- und Konservenbüchsen, wie sie von Bord der Schiffe ins Meer geworfen werden. Denn die Haie folgen mit Vorliebe den Schiffen, weil es da immer etwas für sie zu ergattern gibt. Trotz ihrer glänzenden Schwimmleistungen vermögen sie freilich das Wettrennen mit einem modernen Ozeandampfer nicht lange auszuhalten, sondern bleiben bald zurück, während sie die langsamen Segelschiffe tage- und wochenlang umkreisen und sich dann wenig daraus machen, wenn die Reise von einem Meere in ein anderes geht und von den Tropen zu den Eisbergen führt oder umgekehrt, weshalb die Verbreitungsbezirke der einzelnen Arten so schwer gegen einander abzugrenzen sind. Fangen die Matrosen bei eintretender Windstille an, sich zu langweilen, dann bietet ihnen der Haifischfang erwünschte Abwechslung in ihrem eintönigen Dasein. Denn so scharfsinnig, klug und verschlagen der Hai sonst auch ist, seine grimmige Freßgier verleitet ihn doch zu den törichtsten Streichen; blindlings schnappt er auch auf den plumpsten Köder los, und namentlich der Lockung eines tüchtigen Speckbrockens vermag er nur in den seltensten Fällen zu widerstehen. Um ihn mit dem unterständigen Maule zu fassen, muß er sich erst auf den Rücken oder doch auf die Seite wälzen. Unter dem Triumphgeschrei der Matrosen wird dann das überlistete Meeresungetüm an einer starken Kette aufs Schiff gezogen, dessen Deck alsbald von seinen dröhnenden, mit unheimlicher Kraft geführten Schwanzschlägen erzittert. Der Seemann haßt den Hai mit glühendem Herzen und sucht sich an ihm für das traurige Schicksal manches Kameraden durch ausgesuchte Grausamkeit zu rächen. Hageldicht sausen die Hiebe auf den Gefangenen hernieder, Dutzende von Messern zerwühlen seinen zuckenden Leib, spitze Harpunen durchbohren seinen Kopf, die riesige Leber fliegt in den bereitgestellten Bottich, und doch will die gehaßte Bestie nicht verenden, denn die Lebenszähigkeit der Haie streift ans Unglaubliche. Das Herz soll noch 20 Minuten lang schlagen, nachdem es dem Körper entnommen wurde. Während die Leber zur Trangewinnung benutzt wird und die körnige Haut als „Chagrin" mancherlei Verwendung erfährt, findet das übelriechende Fleisch nur selten einen Liebhaber, soll aber in unserer Zeit der Fleischteuerung unter der Flagge des Seeaals doch hin und wieder auf die Fischmärkte eingeschmuggelt werden. Die Chinesen, die ja von jeher ihre absonderlichen Geschmackseigenheiten gehabt haben, erblicken aber wenigstens in den Haifischflossen einen großen Leckerbissen, der es wert ist, mit Gold aufgewogen zu werden, und der, zu einer Art Gelee verkocht, bei keinem vornehmen Prunkmahle fehlen darf. Unserem Gaumen aber würde dies klebrige Gericht kaum sonderlich behagen, denn besser als zum Essen eignen sich die Haiflossen sicherlich zum — Leimkochen. Wäre die abstoßende Freßgier der Haifische und ihre blindwütende Raubsucht nicht, man könnte sie fast lieb gewinnen, denn sie gehören zweifellos zu den körperlich am besten ausgerüsteten und zu den geistig am höchsten begabten aller Fische. Pfeilgeschwind durchschneidet ihr langgestreckter Körper mit der kraftvollen Schwanzflosse die Wogen, oft so nahe an der Wasseroberfläche, daß die Rückenflosse über diese hervorsieht; auf weite Entfernungen hin wittert ihre scharfe Nase Heringsheere und Schellfischzüge, förmlich planmäßig umstellen sie diese und brechen dann von allen Seiten gleichzeitig auf die Verwirrten los, jäh im Angriff, blitzschnell im Zufahren, selbst nicht ganz ungelenk in raschen Wendungen. Ortsgedächtnis ist den Haien nicht abzustreiten, und auch das sanfte Gefühl der Elternliebe ist diesen blutdürstigen „Hyänen des Meeres" nicht fremd. Viele sind vielmehr sorgsame Mütter, und der weite Rachen mit den mehrfachen Reihen spitz dreieckiger „Drachenzähne" der sichere Zufluchtsort, in den sich die Jungen beim geringsten Anzeichen von Gefahr flüchten.

Die größten Haifischarten sind durchaus nicht zugleich auch die gefährlichsten. Vielmehr sind gerade der bis 15 m lang werdende Riesenhai (Seláche máxima) der Nordmeere und der ihn noch übertreffende Rauhhai (Rhínodon typicus), überhaupt die größte lebende Fischart, verhältnismäßig harmlose Gesellen, die nach Art der Wale von allerlei kleinerem Meeresgetier leben und natürlich einer ungeheuren Menge davon zu ihrer Sättigung bedürfen. Den Walfischjägern helfen sie auch beim Entspecken der erlegten Meeresriesen mit, kümmern sich aber nicht im geringsten um den Matrosen, der etwa bei dieser unangenehmen Arbeit von dem schlüpfrigen Riesenkadaver herab ins Meer sauste. Vielmehr stellen die mittelgroßen Haie die gefürchteten Menschenfresser vor. Als ein solcher gilt mit Recht der noch keine 5 m lang werdende, sehr schlank gebaute und oberseits schön graublau gefärbte Blauhai (Carchárias gláucus), der auch durch Abfressen der Köderfische und Zerreißen der wertvollen Netze den Fischern im Mittelmeer Verdrießlichkeiten genug macht, deshalb grimmig von ihnen gehaßt und bei jeder sich bietenden Gelegenheit schonungslos verfolgt wird. Aber gerade sein Fang mißglückt oft genug, indem der Fisch das Angeltau durchbeißt oder mit einem gewaltsamen Ruck zerreißt, nachdem er es sich vorher durch Herumwälzen mehrfach um den Leib gewickelt hat. Selbst der an Bord gezogene Blauhai ist durch seine fürchterlichen Schwanzschläge noch ein sehr achtbarer Gegner, und die Matrosen suchen daher auch immer zuerst durch Axthiebe den gefährlichen Schwanz vom Rumpfe zu trennen. Noch furchtbarer ist der stärkere Weißhai (Carchárodon rondeléti), der mit einem einzigen Schnapp seiner schrecklich bezahnten Kiefer einen Menschenleib mitten auseinander zu beißen vermag. Ein solches Ungetüm von 10 m Länge, 3 m Körperumfang und 3000 kg Gewicht wurde unlängst an der kalifornischen Küste gefangen; sein gewaltiger Rachen zeigte eine Breite von ¾ m und eine Spannhöhe von mehr als 1 m, so daß 2 Kinder bequem auf dem Unterkiefer sitzen konnten, ohne mit den Köpfen den Gaumen zu berühren. Auch die kleinen Haie unserer Meere sind verhältnismäßig recht grimmige Bursche. So schon der nur halbmeterlange Hundshai (Scyllium canícula) und der doppelte Größe erreichende, hübsch gefleckte Katzenhai (Scyllium cátulus), deren rauhe Haut gern zur Bekleidung von Säbel- und Degengriffen benutzt wird, da sie der umschließenden Hand einen festen und sicheren Halt gewährt. Der aufmerksame Strandwanderer findet zur Zeit der Heringszüge öfters die von den Wogen an den Strand geworfenen Kadaver dieser kleinen Haie oder auch ihre merkwürdigen, der Fischerbevölkerung als „Seemäuse" bekannten Eier (Abb. 13). Diese wunderlichen Dinger

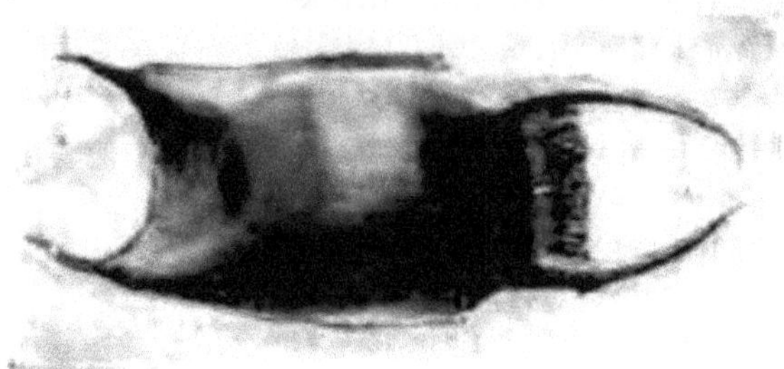

Abb. 12. Rochen-Ei.

sind gestreckt viereckige Hornkapseln von gelblichbrauner Farbe und an jeder Ecke mit einem langen, gewundenen Ankhang versehen, der wie eine verdorrte Weinranke aussieht und zur festen Verankerung des Eis an Meeresgewächsen dient. Durch einen schmalen Spalt an jedem Eiende kann Wasser zu den Kiemen des eingeschlossenen Embryos gelangen, und der Abschluß der Eischale ist auf eine sinnreiche Weise derart eingerichtet, daß der reife Junghai zwar leicht einen Ausweg,

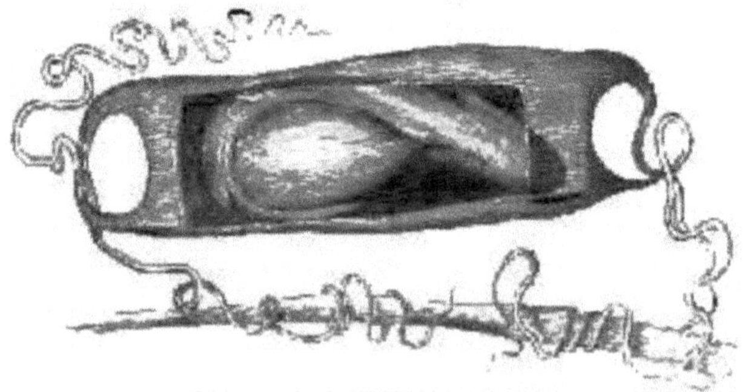

Abb. 13. Ein Haifisch-Ei (geöffnet).

kein Feind aber den Zutritt finden kann. Ähnlich sehen auch die Eier der Rochen aus (Abb. 12). Dagegen gehört der etwa gleichgroße Dornhai (Acánthias vulgáris, siehe Abb. 10, Fig. 1) zu den lebend gebärenden Arten und ist zugleich der geselligste aller Haie. In großen Schwärmen folgt er den Heringszügen und richtet als einer der freßgierigsten Räuber gewaltige Verwüstungen unter ihnen an. Seinen Namen führt er deshalb, weil der vorderste Strahl der beiden Rückenflossen zu einem starken Dorn entwickelt ist.

Merkwürdig ist das Verhältnis der größeren Haie zu dem der Makrelengruppe angehörigen, hübsch gebänderten Lotsenfisch (Naucrátes dúctor). Selten nur sieht man einen Hai ohne diese anhänglichen Begleiter. Nach den Erzählungen der Seeleute sollen die flinken Lotsenfische für den Hai auf Kundschaft ausziehen und ihn dann zu einem erspähten Bissen hinführen, von dem sie auch ihren Anteil erhalten. In Wirklichkeit wird sich die Sache wohl so verhalten, daß sich der Lotsenfisch in der Nähe des großen Räubers, von dessen Tafel ja auch manches für ihn abfallen mag, vor anderen Raubfischen sicher fühlt und selbst zu gewandt ist, als daß ihn sein freßgieriger Freund erhaschen könnte. Also eine auf Einseitigkeit beruhende Symbiose! — Diese Erklärung erscheint um so wahrscheinlicher, als der Lotsenfisch ganz die gleiche Anhänglichkeit auch gegen Schiffe und Wracks bekundet, immer in der Hoffnung, bei diesen besonders reichlich und mühelos Nahrung zu finden.

Während sich mit einem erlegten Hai im allgemeinen nur wenig anfangen läßt, und der aus ihm gewonnene Ertrag in gar keinem Verhältnis zur Mühe und Gefahr der Erbeutung steht, gehört ein anderer Riesenfisch des Meeres, der Stör (Acipénser stúrio), zu den volkswirtschaftlich wichtigsten Arten. An ihm ist fast alles verwendbar. Das wohlschmeckende und nährkräftige Störfleisch wurde schon von den Römern als ein besonderer Leckerbissen gewürdigt, der mit großer Feierlichkeit unter Musikbegleitung auf die Tafel gesetzt zu werden pflegte, und erfreut sich auch bei uns, nachdem man es früher wenig beachtet hatte, steigender Beliebtheit, seitdem — dieser edle Fisch durch den schonungslos betriebenen Fang so selten geworden ist, daß das Pfund Störfleisch mit 3 Mark und mehr bezahlt werden muß, also nur noch den wohlhabenden Kreisen zugänglich ist. Mehr als frisches kommt neuerdings geräuchertes Störfleisch aus Rußland in den Handel, und auch dieses hat so vielseitige Eigenschaften, daß ein geschickter Koch es nach Belieben in Schinken, Beefsteak, Lammsbraten oder Geflügel umwandeln kann. In noch höherem Ansehen aber steht der aus dem Rogen des Weibchens gewonnene Kaviar, eine köstliche, aber auch sündenteure Delikatesse, in Güte und Preis nach Gewinnungs- und Zubereitungsart sehr verschieden. Der billige und minderwertige, nur oberflächlich gereinigte und unter starkem Salzzusatz auf Matten an der Sonne getrocknete, dann mit Öl vermengte und mit den Füßen in Holzfässer eingetretene Preßkaviar ist wenigstens in Rußland noch Volksnahrungsmittel; in den von mir besuchten Gegenden am Kaspi vertrat er geradezu die Stelle des Käses. Körniger Kaviar, der in durchwässerten Sieben durch Peitschen mit Ruten sorgfältig von anhaftenden Häutchen und sonstigen Unreinlichkeiten befreit und in langen Trögen schwach durchgesalzen wird, ist bedeutend teurer. Am höchsten stehen diejenigen Sorten im Preise, die nach dem Abkörnen in leinene Säckchen kommen und in diesen in Salzlauge gehängt, dann schwach ausgedrückt und an der Luft getrocknet, nach dem Verpacken in die bekannten kleinen Holzfäßchen aber beständig unter Eis gehalten werden. Ein weiteres wichtiges Nebenerzeugnis der Störfischerei ist der aus der Schwimmblase der Fische gewonnene Leim, der auch beim Stärken der Wäsche und zur Herstellung von Gelees Verwendung findet. Endlich liefert auch noch die die Wirbelsäule vertretende Rückenseite des Störs ein Gericht, das als Wjasiga das Entzücken aller Petersburger und Moskauer Schlemmer bildet und aus dem sich auch eine wundervolle Pastetenfüllung herstellen läßt. Im Meere werden gewöhnlich nur vereinzelte Störe erbeutet, ein Massenfang ist nur im Unterlauf der Ströme möglich, in denen diese Fische zu Beginn der Laichzeit emporsteigen, wobei die Rogner derart mit Eiern vollgepfropft sind, daß sie sich nur mühsam fortzubewegen vermögen, während sonst der Stör zu den flinken Raubfischen zählt. Leider ist seine Abnahme bei uns infolge lange betriebener Überfischerei eine derart rasche, unaufhaltsame und allgemeine, daß man in sehr absehbarer Zeit mit dem völligen Aussterben dieses wertvollen Nutzfisches in unseren Gewässern zu rechnen haben wird, falls die bisher gescheiterten Züchtungsversuche nicht schließlich doch noch zu einem Erfolge führen. So wurden im Weichseldelta 1900 noch 27000 kg Störfleisch erbeutet, 1906 nur noch 9800 und 1908 gar nur mehr wenige 100 kg. Dagegen hat der Fischreichtum der russischen Gewässer (es handelt sich dort zumeist nicht um den eigentlichen Stör, sondern um seinen größeren Vetter, den bis 9 m lang und bis 1500 kg schwer werdenden H a u s e n [Acipénser húso]) bisher allen Verfolgungen Trotz geboten, wobei aber schwer ins Gewicht fällt, daß gerade der Störfang dort von altersher aufs strengste geregelt ist und mit Maß und Vernunft betrieben wird, besonders erfolgreich auch unter dem Eise der zugefrorenen Wolga. Gerade deshalb aber vermag Rußland allein aus dem Störfleisch einen Gewinn von mindestens 12 Millionen Rubel jährlich zu erzielen, und die Bevölkerung ganzer Landstriche findet durch diesen einzigen Fisch einen guten Lebensunterhalt. Wenn man bedenkt, daß ein erwachsenes Hausenweibchen bis zu 3 Zentner Kaviar liefert, und das Pfund davon schon an Ort und Stelle mit 8 Mark bezahlt wird, so wird man ermessen können, welchen Glücks- und Freudentag der Fang eines solchen Riesenfisches für den armen Fischersmann bedeutet.

Der Stör ist jedoch nicht nur ein wirtschaftlich hochwichtiger Fisch, sondern auch ein naturgeschichtlich besonders interessanter, da er als letzter Rest eine der ältesten und sonst ausgestorbenen Ordnungen aus dem Reich der Fische verkörpert und uns lebende Kunde gibt vom Aussehen und Bau der Wirbeltiere in den Urzeiten der Tierwelt. Sein Körper ist schlank, die unterständige Schnauze gestreckt und vorgezogen, die Kiefer zahnlos, und das Schuppenkleid wird ersetzt durch 5 Längsreihen eigenartiger Knochenschilder, die aussehen wie chinesische Hütchen und bei jungen Stücken schärfer gekantet sind als bei alten. Auch haben die dem Laich schon nach 3 Tagen entschlüpfenden Jungen während ihrer ersten Lebensmonate noch Zähne. Sie streben schon frühzeitig dem Meere wieder zu, aber über das dortige Leben und Treiben der Störe wissen wir eigentlich herzlich wenig.

Ähnliches gilt auch von dem größten und zugleich wehrhaftesten aller Knochenfische, dem sagenumwobenen, in unzähligen Seefahrergeschichten verherrlichten S c h w e r t f i s c h (Xíphias gládius), dem Todfeinde des Thuns, dessen Wanderscharen er durch seine ungestümen Angriffe öfters auseinandersprengt oder von ihrem Wege abdrängt. Da er überdies auch häufig die wertvollen Riesennetze der Mittelmeerfischer zerreißt, ist er ihnen verhaßt, und sie jagen ihn deshalb, wo sie nur können. Andere betreiben diese Jagd aus rein sportlichen Gründen, weil ihr in hohem Maße der Reiz des Gefährlichen innewohnt. Denn das Schwert, d. h. der degenförmig bis auf 1½ m verlängerte Oberkiefer des Xiphias ist in der Tat eine furchtbare Waffe, deren Wirkung durch das pfeilschnelle Vorstoßen des großen und kraftvollen Fisches noch wesentlich gesteigert wird. Mit unwiderstehlicher Gewalt rennt er diese Lanze dem Gegner tief in den Leib, oder er gebraucht seine Waffe kleineren Beutefischen gegenüber als Schwert, indem er sie durch seitliche Bewegungen rechts und links niedersäbelt oder mitten durchschneidet und mit diesem blutigen Werke nicht aufhört, bis eine ganze Reihe von Schlachtopfern die Walstatt bedeckt, worauf sich der Raubritter daran macht, sie in aller Ruhe und Behaglichkeit zu verzehren. Ashby konnte einmal an der Stelle, wo ein Schwertfisch vor seinen Augen in einem Heringsschwarm gewütet hatte, noch einen ganzen Scheffel getöteter Heringe auflammeln. Der Schwertfisch ist sich seiner Wehrhaftigkeit denn auch gar wohl bewußt und scheut keinen Gegner, wagt sich erwiesenermaßen sogar an Wale und Haie und ficht mit ihnen grimmige Kämpfe aus, die zu den großartigsten Schauspielen des Weltmeeres gehören und bei denen unserem Fisch auch seine ungewöhnliche Gewandtheit und Schnelligkeit sehr zustatten kommen. Dem Menschen geht er gewöhnlich scheu aus dem Wege, aber bisweilen scheinen einzelne Schwertfische nach Nashornart von einer wahren Berserkerwut befallen zu werden und rennen dann rücksichtslos alles an, was ihnen begegnet, sei es selbst ein großes Schiff. So erklären sich die gelegentlichen und nicht selten tragisch endenden Angriffe von Schwertfischen auf Badende oder auf bemannte Boote, die er durch und durch zu stoßen, so leck zu machen und zum Sinken zu bringen vermag. Von der furchtbaren Wucht seines Stoßes kann man sich einen Begriff machen, wenn man z. B. im Britischen Museum den Kiel eines Ostindienfahrers betrachtet, durch dessen Metallbeschlag und Holzwerk ein Schwertfisch seine Waffe 55 cm tief hineingetrieben hatte. Ja es ist sogar ein Fall verbürgt, wo ein in einem Boote sitzender Matrose von einem Schwertfisch getötet wurde, indem dieser sich aus dem Wasser emporschnellte und dem Unglücklichen seine Lanze mitten durch den Leib rannte. Aus alledem läßt sich entnehmen, daß die Jagd auf den Schwertfisch, von dem nur die umfangreiche Schwanzmuskulatur als genießbar gilt, ganze Männer verlangt. Sie wird trotzdem von amerikanischen Sportsmen mit wahrer Leidenschaft betrieben, und zwar ausschließlich mit der Harpune, da der Fisch auch die stärksten Netze glatt durchschneidet. Die von sinnloser Angriffslust und wütender Kampflust ruhelos durchs Meer getriebenen Schwertfische sind gewöhnlich ganz alte Stücke. Die Jungen führen das gefährliche Schwert überhaupt noch nicht, sondern dieses bildet sich erst mit zunehmendem Alter ganz allmählich aus.

Den Riesen der Meeresfische seien nun auch gleich noch die Zwerge unter ihnen gegenübergestellt. Will man die Lanzettfischchen schon zu den echten Wirbeltieren rechnen, so muß hier zunächst Asymmetron lucayánum erwähnt werden, der bei den Bahamainseln vorkommt und nur 19 mm mißt, während unser kleinster Süßwasserfisch, der Zwergstichling, immerhin über 50 mm lang wird. Sodann ist nach Krause namentlich das formenreiche Geschlecht der Meergrundeln reich an winzigen, nicht über 25 mm hinauswachsenden Arten. So durchstreift das durchsichtige Seeräuberchen (Latrúnculus perlúcidus) fast unsichtbar die Fluten bei den britischen Inseln und an einigen anderen europäischen Küsten. Dieses Geschöpfchen ist um so merkwürdiger, als es nach den Untersuchungen Colletts wie die meisten Insekten und viele Pflanzen nur ein Jahr lebt und somit das einzige bekannte Beispiel eines einjährigen Wirbeltiers vorstellt. Im August entschlüpfen die Jungen dem im Juni oder Juli abgesetzten Laich, sind schon im Dezember völlig ausgewachsen, bekommen im April die geschlechtlichen Unterscheidungsmerkmale und sterben sofort nach der Laichabgabe im Sommer ausnahmslos ab, so daß man in den Herbstmonaten stets nur junge Seeräuberchen antreffen kann. Die allerkleinste Art ist aber der Luzonfisch (Mistíchthys luzonénsis) von den Philippinen, bei dem die Weibchen durchschnittlich nur 13,5, die Männchen gar nur 10—11 mm lang werden. Auch diese wahrscheinlich lebend gebärenden Tierchen sind im Leben bis auf einige schwarze Flecken fast durchsichtig und werden nach Zeller trotz ihrer Winzigkeit als Speisefische genützt. Sie werden in besonders eng gewobenen Netzen gefangen, mit Pfeffer und anderen Gewürzen zubereitet und natürlich mit Stumpf und Stiel verzehrt. etwa wie bei uns die Stinte, deren übler Geruch ihnen aber abgeht, so daß sich auch die Europäer sehr mit diesem „Badi" genannten Gericht befreundet haben. Übrigens hat es auch schon in grauen Urzeiten derart winzige Fische gegeben. So fand man im roten Sandstein Schottlands wohlerhaltene Devonfische (Palaeospóndylus), die auch nur 12—15 mm messen und einen ähnlichen Saugmund besitzen, wie unsere Neunaugen, wobei es freilich einstweilen noch dahingestellt bleiben muß, ob es sich nicht vielleicht um die Larvenformen eines Panzerfisches handelt.

Um nochmals auf die zur Überlistung der Beutetiere und zum Verbergen vor Feinden dienende Farbenanpassung der Fische zurückzukommen, so gibt es außer der auf den Bodenuntergrund bezüglichen vielfach auch eine solche, die sich der umgebenden Pflanzenwelt, also den in langen Bändern wogenden Tangen des Meeres oder den Rohrstrünken und Halmen des Süßwassers anschmiegt. Geradezu verblüffende Beispiele für die erstere Gruppe finden wir namentlich unter den Fischen warmer Meere, so den berühmten Fetzenfisch (Phyllópteryx éques) der australischen Gewässer mit seinen zahlreichen Dornfortsätzen und bandartigen Anhängseln, aber auch schon der bereits in der Nordsee auftretende Seeteufel oder Angler (Lóphius piscatórius, s. Abb. 10, Fig. 5) sieht wahrlich abenteuerlich genug aus. „Ein sonder scheußlich, heßlich Tier sollen diese Meerkrotten sein", sagt schon der alte Gesner, der eine im wesentlichen ganz richtige Lebensbeschreibung des Seeteufels gegeben hat, und in der Tat wird man den absonderlichen Burschen, dessen einer platten Keule gleichender Leib fast nur aus dem unflätigen, zahnstarrenden Riesenmaul, dem ungeheuerlichen Dickkopf und dem weiten Magensack zu bestehen scheint, beim besten Willen nicht schön finden können. Zwischen den Krautwäldern der Meeresküste liegt er tückisch verborgen, wobei er sich oft noch mit Hilfe der seehundsartigen Brustflossen in den Sand eingräbt, und läßt unablässig die merkwürdigen angelartigen Fortsätze auf Kopf und Rücken im Wasser spielen, die recht gut Würmer vorzutäuschen vermögen und so hungrige Kleinfische anlocken,*) denen dann durch einfaches Aufreißen des gewaltigen Rachens ein frühes Grab in dem unersättlichen Magen des Anglers bereitet wird. Das Eingraben hat dieser dabei eigentlich kaum nötig, denn wie Franz bei den Klippen Helgolands beobachtete, ist die sehr wechselnde Färbung seiner Oberseite, die durch zahllose, vielfach gezackte und gelappte Linien in der Art, wie wir sie von den Ammoniten her kennen, ausgezeichnet wird, eine fabelhaft genaue und bis in die kleinsten Einzelheiten gehende Nachahmung all der Farbenwirkungen und mannigfaltigen Abschattierungen von Dunkelolivenbraun und Gelbbraun, die wir bei klarem Wasser in dem von Tangen durchwucherten Klippenmeer sehen. Erhöht wird diese Wirkung noch dadurch, daß Maul und Seiten des Fisches mit kleinen grünbraunen Bartelfort-

*) Guitel bestreitet auf Grund von Aquariumsbeobachtungen diese bisher allgemein verbreitete Ansicht und glaubt, daß der Angler seine Opfer durch rasche Vorstöße nach oben erhasche, sich aber überwiegend von Aas und unbeweglichen Seetieren nähre (?).

sätzen besetzt sind, die in ihrer lappigen Gestalt täuschend den umgebenden Algen gleichen. Wenn auch der wehrhafte Angler Feinde nur wenig zu fürchten hat, so kommt diese ganze Ausrüstung dem trägen Gesellen doch sehr zustatten beim Überlisten und Fangen seiner Beute, und diese pflegt deshalb bei seinem ständig regen Heißhunger so reichlich auszufallen, daß die Fischer, die den an sich fast ungenießbaren Seeteufel erwischen, ihm wenigstens den Bauch aufschneiden, um sich die von ihm zahlreich verschluckten und oft noch ganz frischen Fische anzueignen.

Wo eine weitgehende Farbenanpassung fehlt, hat die erfinderische Natur durch mannigfache anderweitige Mittel dafür gesorgt, ihre Kinder wenigstens zeitweise den Nachstellungen ihrer Feinde zu entziehen oder ihnen das Erhaschen ihrer Beute zu erleichtern. Hierher gehört z. B. das Schießvermögen mancher Fische, auf der anderen Seite dagegen alle diejenigen Fälle, wo Fische den Räubern des Meeres dadurch ein Schnippchen schlagen, daß sie das feuchte Element für mehr oder minder kurze Zeit verlassen und mit dem Aufenthalte auf festem Erdboden oder in freier Luft vertauschen können, und damit kommen wir auf die viel erörterte Frage der fliegenden Fische. Einen ebenso überraschenden wie fesselnden Eindruck gewährt es, wenn plötzlich zu beiden Seiten des Schiffes Scharen von Flugfischen aus dem Wasser emporschießen, silberglitzernd auseinanderstieben, sich in langem, flachem Bogen über die Wellen schwingen und endlich ermattet wieder in das gewohnte Element zurückfallen, oder wenn man in finsterer Nacht das leise Knistern ihrer Flugflossen hört, das Anprallen einzelner an die Schiffswand merkt und andere klatschend auf das Deck des hochbordigen Schiffes selbst herniederfallen — ihrer Schmackhaftigkeit halber eine hochwillkommene Zugabe für den Küchentopf der Matrosen. Alle Flugfische sind Kinder der wärmeren Meere, einige kommen aber schon im Mittelmeer regelmäßig vor, und deshalb berichten schon die Beobachter aus dem klassischen Altertum eingehend über dieses Naturwunder, und auch später haben die Forscher aller Zeiten und Völker die damit zusammenhängenden wissenschaftlichen Fragen zu lösen und zu lichten versucht, ohne sich doch darüber bis zum heutigen Tage einig geworden zu sein. So herrscht denn auch heute noch keine völlige Klarheit auch nur über die Grundfragen, keine Klarheit darüber, was die Fische eigentlich veranlaßt oder zwingt, das Wasser mit der Luft zu vertauschen, darüber, ob sie während des Fluges die Richtung abändern können oder nicht, darüber, ob sie währenddem flügelartig mit den Flossen schlagen oder diese lediglich als Fall -oder Gleitschirm benutzen, darüber, was sie nachts so hoch emporträgt, daß sie auf das Deck der Schiffe niederfallen können, während sich am Tage ihre Flugbahn stets nur in sehr mäßiger Höhe fortbewegt. Allerdings sind alle solche Beobachtungen bei der Schnelligkeit und Plötzlichkeit der Erscheinung, bei dem ungünstigen Stande des auf dem Schiffe befindlichen Beobachters von oben her und bei der unsicheren Beleuchtung, die das „Atmen" der Wellenberge und das glitzernde Silberkleid der Fische mit sich bringt, äußerst schwieriger Art, aber hier wäre ein sehr dankbares Feld für die wissenschaftliche Tätigkeit des Kinematographen, dem die endgültige Lösung dieser viel umstrittenen Frage nicht schwer fallen könnte. Suchen wir aus all den zahllosen, sich oft widersprechenden Berichten und Streitschriften den wesentlichen Kern herauszuschälen, vergleichen wir das so Gewonnene miteinander und wägen es sorgsam gegeneinander ab, so erhalten wir etwa folgendes Bild vom gegenwärtigen Stande unseres Wissens über das Rätsel der Flugfische.

Der Fisch schnellt sich pfeilgeschwind und mit großer Wucht aus dem Wasser empor, und zwar hauptsächlich mit Hilfe des rasche Schraubenbewegungen vollführenden, kräftigen Schwanzes und durch Zusammenpressen der ungemein stark entwickelten Seitenmuskulatur. Es ist also ganz derselbe Vorgang, wie er sich beim wandernden Lachse vollzieht, wenn er ein Wehr überspringen will. Aber der Flugfisch schießt nicht so steil, nahezu senkrecht aus dem Wasser wie der verliebte Salmonide, weil es für ihn ja weniger darauf ankommt, eine möglichst große Höhe zu erreichen, als vielmehr darauf, sich eine möglichst weite Flugbahn zu schaffen. Das Herausspringen vollzieht sich daher in mehr oder minder spitzem Winkel zur Wasserfläche, höchstens in einem solchen von 45°, und in schräger Richtung, in die der Fisch wahrscheinlich schon vorher im Wasser seinen Körper eingestellt hat. Sehr erleichtert wird ihm das Emporschnellen jedenfalls auch noch dadurch, daß er eine ganz ungewöhnlich große Schwimmblase besitzt, die z. B. bei einer 16 cm langen Art 9 cm lang und 2½ cm breit ist, so daß für sie durch ringförmige Ausbuchtungen im Knochengerüst noch besonders Raum geschaffen werden muß, und 44 ccm Luft faßt, also den Fisch sehr leicht macht und ihm demnach wohl mehr als Flug-, denn als Schwimmorgan dient. Das Herausschießen vollzieht sich ohne Rücksicht auf die Bewegung des Windes oder die Richtung der Wellen, obwohl feststeht, daß es bei völliger Windstille und spiegelglatter See überhaupt nie stattfindet, demnach die Unterstützung des Windes an sich zum Flug dieser Geschöpfe unerläßlich erscheint. Wahrscheinlich fördern auch hastige Schläge mit den mächtigen, zu Flugorganen umgewandelten Brustflossen das Emporheben in die Luft, denn wenn man sich in unmittelbarer Nähe befindet, hört man deutlich das raschelnde und knisternde Geräusch der Flossen. Seitz berechnet die Zahl der derart vollführten Flatterschläge auf 10—30 in der Sekunde. Ich selbst habe trotz angestrengtester Aufmerksamkeit und vorzüglichem Krimstecher solche Flügelschläge mit den Flossen, deren Möglichkeit von Moebius und du Bois-Reymond überhaupt geleugnet wird, nie zu erkennen vermocht, gebe aber bei der Schwierigkeit der Beobachtung und der Kurzsichtigkeit meiner Augen gerne die Möglichkeit einer Selbsttäuschung zu. Jedenfalls breitet der Fisch, sobald er erst einmal eine gewisse Höhe erreicht hat, seine Flugflossen wagrecht oder mit einer geringen Neigung nach oben aus und läßt sich nun durch sie passiv vom Luftstrom tragen. Soviel scheint sicher zu sein, daß er während des eigentlichen Fluges, der freilich gar kein echter Flug ist, sondern nur ein fallschirmartiges Schweben und Gleiten, keine Flatterbewegungen vollführt, daß demnach die Erscheinung nicht mit dem Flattern der Fledermäuse, dem Gaukeln der Schmetterlinge oder dem Schwirren der Bienen verglichen werden kann, sondern höchstens mit dem Schweben der Flughörnchen und Flugechsen oder mit dem Aufschwirren der Heuschrecken aus dem Wiesengras. Eigentlich ist es nur ein künstlich verlängerter Sprung. Von einem wirklichen Fliegen, dieser „Poesie der Bewegung" kann schon deshalb gar keine Rede sein, weil dazu der Flächeninhalt der Brustflossen trotz ihrer auffallenden Länge zu gering und vor allem die sie bewegende Muskulatur viel zu schwach ist. Denn während das Gewicht der Brustmuskulatur zum Gesamtgewichte des Körpers bei Vögeln sich durchschnittlich wie 1:6,22 verhält und auch bei Fledermäusen noch wie 1 : 13,6, ist dasselbe Verhältnis bei den besten Flugfischen nach den Wägungen von Moebius wie 1:32,4. Ihre Brustmuskeln müßten also 5,2 mal so viel Kraft entwickeln, als die der Vögel oder 2,45 mal so viel als die der Fledermäuse, wenn sie den Körper durch Flossenschläge erheben und in der Luft fortführen sollten. Es ist nun aber nicht das geringste bekannt, aus dem auf eine solche ausnahmsweise Steigerung der Muskelkräfte bei Flugfischen geschlossen werden könnte, die im ganzen Wirbeltierreiche einzig dastehen würde. Allerdings scheint mir Moebius bei seinen fleißigen und grundlegenden Untersuchungen die ausgleichende, das Körpergewicht unter Umständen stark erleichternde Wirkung der ungeheuerlichen Schwimmblase der Flugfische nicht genügend in Rechnung gezogen zu haben, da er ja nur mit Spiritusexemplaren arbeitete. Jedenfalls hat er aber darin recht, wenn er auch die Flossenlänge als für eine wirkliche Flugleistung ungenügend erklärt. Die relative Flächengröße der Brustflossen ist zwar nur wenig geringer als die der Vogelflügel, allein ihre relative Länge ist viel kleiner, oft nur halb so groß. Und doch hängt gerade von ihr hauptsächlich das Maß der Flügelarbeit ab, denn der Widerstand der Luft wächst im Hundert der Geschwindigkeit, mit der der Flügel gegen sie schlägt. Da nun die Geschwindigkeit so zunimmt, wie die Entfernung des in Bewegung gesetzten Flügelpunktes vom Schultergelenk, so hebt ein Flügelstück, das doppelt so weit entfernt ist, den Körper mit vierfach größerer Kraft als ein anderes Flügelstück von gleicher Größe in einfacher Entfernung vom Schultergelenk. Mögen daher die Brustflossen der Flugfische als Träger der Körperlast fast ebenso viel leisten wie die Flügel der Vögel, so sind sie doch ihrer Kürze wegen zum wirklichen Fliegen nicht geeignet. Ich möchte dem noch hinzufügen, daß ja auch die eigenartig gewölbte Form des Vogelflügels und seine Fähigkeit zum Verkürzen oder Vergrößern der Fläche während des Fluges den Brustflossen abgeht, was ebenfalls keine geringe Rolle spielen dürfte. Es handelt sich bei den Flugfischen nur um starre Gleitflächen, die ein vorzügliches Schweben, nicht aber ein wechselvolles Fliegen ermöglichen. Läßt sich demnach die Erscheinung auch nicht mit dem herrlichen Flugvermögen der Vögel vergleichen, so steht sie als bloßer Gleit- und Schwebeflug doch entschieden über dem der Flughörnchen und Flugechsen, sowohl was die Länge der Flugbahn, als auch was ihre Schnelligkeit anbelangt, wozu freilich der Umstand das meiste beitragen mag, daß über bewegter See ständig ungleich stärkere Luftströmungen herrschen, als im stillen Blättermeer des Urwaldes. Die Fluggeschwindigkeit beträgt immerhin 7—14 Sekundenmeter, die Flugdauer 10—20 Sekunden und (wenn man die kurzen Unterbrechungen beim Eintauchen in die Wellenkämme nicht mitzählt) selbst bis zu 1 Minute, die zurückgelegte Strecke bis zu 200 m und mehr, allerdings gewöhnlich nur in einer Höhe von kaum einem Meter über dem Meeresspiegel. Also immerhin ganz ansehnliche Leistungen, die den angestrebten Zweck, nämlich die Flieger dem gierigen Rachen der Raubfische zu entziehen, vollkommen erreichen dürften. Der zurückgelegte Weg stellt keine eigentliche Flugbahn vor, sondern eine parabelähnliche Wurfbahn, deren Form und Länge abhängt von der Größe der Anfangsgeschwindigkeit, von der Körperlast und von der Ausdehnung und Neigung der tragenden Flächen; als Werfer des Körpers dienen, wie schon erwähnt, die stark ausgebildeten Rumpfseitenmuskeln und der kräftige Schwanz, dessen untere Hälfte gerade bei den besten Fliegern sehr bezeichnender Weise weit mehr entwickelt ist als die obere. Anfänglich halten die fliegenden Fische, deren große klare Augen so vorteilhaft von den bleifarbigen anderer abstechen, den Körper fast wagrecht, aber allmählich senkt sich das Schwanzende, die Körperhaltung wird immer schräger und steiler, bis endlich der Schwanz in einen Wellenkamm eintaucht und nun entweder der ganze Fisch wieder in seinem eigentlichen Element verschwindet oder aber sich sofort von neuem abstößt und in gleicher Weise einen zweiten und dritten Flug unternimmt. In solchen Augenblicken helfen auch die Flügelflossen vielleicht nochmals durch Flatterbewegungen beim Aufsteigen mit, und in solchen Augenblicken ist der Fisch auch imstande, die seitherige Flugrichtung willkürlich zu ändern, was ihm in der Flugbahn selbst bei der rein passiven Art seines „Fliegens“ kaum möglich ist, da er dann als ein mehr oder weniger willenloses Spielzeug der Windströmungen zu gelten hat. Humboldt hat ganz recht, wenn er die Fortbewegung der Flugfische mit der eines flach über das Wasser hingeworfenen Steines vergleicht, der aufschlagend und wieder abprallend meterhoch über dem Wasser einhersaust. Nun stimmen aber alle aufmerksamen Beobachter darin überein, daß die Flugbahn sich nicht in gleichmäßiger Höhe halte, sondern sich mit der Wellenatmung des Meeres abwechselnd hebe und senke, ähnlich wie der Flug der Möwen und anderer Wasservögel. Moebius sucht auch diese Eigentümlichkeit auf rein mechanischem Wege zu erklären und macht dafür die von den Wellen aufsteigenden dynamischen Luftströmungen verantwortlich. Der wagerecht über die Wogen hinstreichende Fisch muß emporgehoben werden, sobald er den höheren Teil der Wellenböschungen erreicht, weil er hier jedesmal dem von diesen aufsteigenden Luftstrom so nahe kommt, daß dessen Wirkung sich merklich geltend machen kann, und zwar übernehmen dabei die Furchen der Brustflossen die Rolle von prächtigen Windfängen. Ihre Form und Lage ist nämlich derart, daß der aufsteigende Luftstrom, wenn er sie füllt, den Fisch höher und zugleich vorwärts schieben muß. Sehr gut hiermit stimmt überein, daß besonders scharfäugige Beobachter gesehen haben wollen, daß die Brustflossen beim Fluge doch nicht ganz ruhig liegen, vielmehr in ständiger zitternder Bewegung sich befinden. Es ist eben die von den Wellen aufsteigende Luft, die diese Zitterbewegung hervorruft. In ähnlicher Weise erklärt sich auch das Niederfallen von Flugfischen zur Nachtzeit auf dem Schiffsdeck, während sie doch bei Tage stets wesentlich niedriger fliegen. Aber sie sehen dann eben das Schiff und nehmen ihre Flugrichtung von ihm weg und nicht zu ihm hin. Anders bei Nacht, wo sie in der Finsternis blindlings aus dem Wasser herausfahren und dann von der Windströmung leicht gegen die Schiffswände getragen werden können. Hier aber weht, wovon man sich experimentell leicht überzeugen kann, der anprallende Wind lebhaft nach oben, und in dem Augenblicke, wo die Flossen in diesen aufsteigenden Luftstrom eintreten, fährt er in ihre Windfänge und führt den Fisch aufwärts und dann im Bogen über die Schanzbekleidung hinüber; währenddem hat die eigene Schwere des Fisches seine Schwebegeschwindigkeit bedeutend vermindert, auf dem Schiffe fährt ihm nichts mehr hebend unter die Flossen, und so stürzt er denn unbehilflich und schwerfällig auf das Verdeck nieder, denn — wirklich fliegen kann er ja gar nicht. Seeleute werden sich freilich durch diese einfache und einleuchtende Erklärung nicht irre machen lassen in ihrer alteingewurzelten Überzeugung, daß das helle Licht der Schiffe es sei, das in dunkler Nacht die Flugfische unwiderstehlich anziehe und ins Verderben locke. Im Einklang mit alledem steht es endlich auch, daß in die Höhe geworfene oder aus der Höhe fallen gelassene Flugfische nicht den geringsten Versuch zum Fliegen machen, sondern zu Boden fallen wie jeder andere Fisch.

Der Umstand, daß Flugfische nur in den warmen Meeren vorkommen, muß zu der Vermutung führen, daß die dortigen klimatischen Verhältnisse die Ausbildung des Flugvermögens irgendwie besonders zu begünstigen vermochten, und vielleicht haben wir wenigstens einen dieser Faktoren in der Gleichmäßigkeit zwischen Luft- und Wasserwärme zu suchen, durch welche auch bei empfindlichen Geschöpfen der plötzliche Übergang von einem Medium ins andere wesentlich erleichtert wurde. Die Frage nach den äußeren Gründen und treibenden Ursachen, die zur allmählichen Ausbildung des Flugvermögens bei Fischen geführt haben, ist von den Forschern sehr verschieden beantwortet worden. Manche meinen, daß dadurch nur überschäumender Freude am Dasein Ausdruck gegeben werden solle, daß es sich also nur um eine Art Spiel handle, andere glauben, daß das zeitweise Bedürfnis nach sauerstoffreicherer Atemluft die Fische zu den Ausflügen in ein fremdes Element veranlasse. Ich möchte es aber doch mit denen halten, die in dem Auffliegen nichts als eine Flucht vor größeren Raubfischen erblicken, denn das ganze Benehmen der Tiere spricht zu deutlich und zu unverkennbar für diese Auffassung, und das ganze Leben der Fische ist ja ein ewiger Krieg, ein unablässiges Würgen und Gewürgtwerden. Dann aber ist das plötzliche Verschwinden in einer anderen Welt, in die der Gegner nicht zu folgen vermag, sicherlich ein prächtiges, in seiner naiven Einfachheit schier verblüffendes Ausfluchtsmittel, und nachdem die Natur einmal darauf verfallen war, leuchtet es ein, daß unter dem Einflusse der natürlichen Zuchtwahl das Flugvermögen rasch bis zu einem gewissen notwendigen Grade sich entwickeln mußte. Wenn die Fische dabei manchmal aus dem Regen in die Traufe geraten, indem nun Scharen von Möwen, Albatrossen, Fregattvögeln und anderen beschwingten Fischfressern in der Luft sich über sie hermachen, so ist dies doch noch lange kein Gegenbeweis, denn einmal ist die zunächst gegenwärtige Not doch immer die größte und ausschlaggebende, und sodann sind derartige Fälle doch nicht allzu häufig, indem die fischfressenden Vögel im allgemeinen mehr in der Nähe der Küsten sich aufhalten, die Flugfische dagegen meistens in freier See sich tummeln.

Bei Beurteilung all der angeregten Fragen müssen wir uns immer vor Augen halten, daß es nicht nur eine Art von Flugfischen gibt, sondern ihrer vier Dutzende, daß jede davon wieder ihre besonderen Eigentümlichkeiten hat und daß insbesondere das Flugvermögen verschieden entwickelt sein wird, so daß sich hier unmöglich alles über einen Leisten schlagen läßt. Als die besten Flieger dürfen wohl die zur Gruppe der Makrelenhechte gehörigen Hochflieger mit den ungleich entwickelten Schwanzlappen gelten, und unter ihnen leistet wiederum der Schwalbenfisch (Exocoétus vólitans) das Höchste, was der streng für das Wasserleben zugeschnittene Fischtypus überhaupt zu leisten vermag. Die zierliche, schlank-rassige Gestalt, die zartblaue Färbung der Oberseite, die ausdrucksvollen Augen und die großen durchsichtigen Flügelflossen machen diese Art zu einem sehr schönen Fisch. Während er mehr der südlichen Tropenzone eigen ist, wird er in der nördlichen durch den etwas größeren Springfisch oder fliegenden Hering (Exocoétus exsíliens) vertreten, der sich durch eine über die Brustflossen verlaufende braune Binde auszeichnet. Im Mittelmeer sind namentlich der Flughahn (Dactylópterus vólitans) und die Meerschwalbe (Trígla lucérna) häufig. Der in den indischen Gewässern heimische fliegende Stachelbarsch oder Flugdrache (Ptérois vólitans), der steif wie ein Papierdrachen über die Wogen gleitet, zählt selbst zu den gefährlichsten Räubern, denn er zerfleischt Fische, die ihn an Größe um das zwanzigfache übertreffen. Doch nicht nur fliegende Fische gibt es im Ozean, sondern auch hüpfende und tanzende lehrt er uns kennen. Schon ehe man die Tropenzone erreicht, sieht man nicht selten halbmeterlange Fische von ziemlich hohem, aber schmalem Körperbau senkrecht aus dem Wasser herausspringen, in der Luft sich überschlagen und mit dem Kopfe voran wieder ins Meer zurückfallen. Es ist dies die allen Seefahrern wohlbekannte Bonite (Scómber pelámys), ein Mitglied der Thunfischgruppe, silberglänzend von Farbe mit schwarzgrauen Rückenstreifen und Flossen. Ihre Bewegungsart überrascht nicht minder als der Flug der Schwalbenfische, weil das Aufsteigen aus dem Meere ebenso senkrecht erfolgt wie das Herabfallen, weil das koboldartige Umdrehen in der Luft auch dem oberflächlichsten Beobachter auffällt und weil sie fast genau auf derselben Stelle wieder ins Meer taucht, von wo sie aufgestiegen war. Den Grund für diese absonderlichen Turnübungen weiß man nicht recht anzugeben, vermutet aber, daß es sich bloß um eine Art Belustigung für den Fisch handelt, daß lediglich spielerischer Übermut ihn aus dem Wasser heraustreibt, zumal das Tanzen der Boniten nur bei schönem Wetter, ruhiger See und heiterem Himmel beobachtet wird.

Als ein Beispiel derjenigen Fische, die den Aufenthalt im Wasser zeitweise mit dem auf dem Erdboden vertauschen, sei hier der schleimig aussehende Schlammspringer (Periophthálmus koelreúteri) genannt, ein unansehnliches, nur 15 cm langes, aber in mehr als einer Hinsicht höchst merkwürdiges Geschöpfchen. Nicht nur für Sekunden oder Minuten, sondern für lange Stunden vermag er das feuchte Element zu verlassen, und er tut es weniger aus Furcht vor Feinden, als vielmehr in der Absicht, selbst Beute zu machen und auf dem Festlande nach Kerfen und Schnecken zu jagen. Ermöglicht wird ihm das durch die außerordentlich enge Beschaffenheit seiner Kiemenspalten, die die Verdunstung des in den Kiemenhöhlen befindlichen Wassers lange hintanhält. Schon rein äußerlich hat das an den tropischen Küsten Afrikas und namentlich im Brackwasser der Mangrovenwaldungen lebende Tierchen mancherlei Absonderlichkeiten aufzuweisen. Seine drolligen Froschaugen stehen nämlich dicht beieinander oben auf dem Kopfe und können in wunderlicher Weise etwas herausgeschoben oder zurückgezogen werden, sind überhaupt sehr beweglich und sogar mit Lidern versehen. Die weit nach vorn gerückten Bauchflossen sind miteinander verwachsen und zeigen ein starkes Haftvermögen, die Brustflossen sind mit kräftigen Muskelstielen ausgerüstet und können so am Lande als Beine dienen. Oder der ausruhende Schlammspringer stützt sich auf sie wie ein Seehund, und wenn er dann mit seinen roten Glotzaugen gierig nach den im Wurzelwerk der Mangroven herumlaufenden Fliegen späht, sieht er aus wie ein alter Mann, der sich am Wirtshaustisch auf beiden Ellbogen lümmelt und sehnsüchtig dem bestellten Getränk entgegenblickt. Vorsichtig wie eine Katze schleicht dann der Fisch seinem auserkorenen Opfer Schrittchen für Schrittchen näher, — ein mächtiger Satz, und das Kerbtier ist von dem breiten Maule erfaßt. Nicht selten springt bei solchen Jagden das Tier auch selbst dünne Mangrovenwurzeln an und klettert geschickt meterhoch an ihnen empor, indem es sie mit den Fußflossen umklammert und sich mit dem Schwanze nachschiebt. Gewöhnlich bewegen sich die Tiere auf dem Schlamme in froschartigen Sprüngen ziemlich langsam und schwerfällig fort, wobei sie eine sehr bezeichnende Fährte hinterlassen, aber bei nahender Gefahr rennen sie fast so schnell wie Eidechsen davon und flüchten entweder ins nahe Wasser oder vergraben sich mit verblüffender Geschwindigkeit im Schlamme. Sie sind scharfsinnig, aufmerksam und scheu, und es ist deshalb gar nicht so leicht, einen unversehrten Schlammspringer zu erhaschen, obwohl sie an geeigneten Örtlichkeiten massenhaft herumwimmeln. Trotzdem gelangen sie neuerdings öfters lebend nach Deutschland und in die Hände unserer Liebhaber, halten sich bei geeigneter Pflege in einem größeren Aquaterrarium vortrefflich und geben hier reichlich Gelegenheit zu den anziehendsten und dankbarsten Beobachtungen. Wer jemals auch nur eine Stunde lang ihrem unterhaltenden, munteren Tun und Treiben zugeschaut hat, der wird zu der Überzeugung gelangt sein, hier ein Tier vor sich zu haben, das biologisch weit mehr Amphibium ist, denn Fisch. Besonders merkwürdige Beziehungen zwischen den Schlammhüpfern und gewissen Nacktschnecken (Onchidien) hat Semper aufgedeckt. Diese Onchidien sind nämlich entsetzlich langsame Geschöpfe, die ihren Feinden rettungslos verfallen wären, wenn sie nicht außer ihren gewöhnlichen, zum Aufsuchen der Nahrung dienenden Kopfaugen noch eine ganze Anzahl (wohl an 100) anderer Augen auf dem Rücken besäßen, die auffallenderweise und im Gegensatze zu den Kopfaugen ziemlich genau nach dem Typus des Wirbeltierauges gebaut sind. Keine andere Schneckengattung kann sich solcher Rückenaugen rühmen. Semper glaubt nun, daß sich die Schnecke, indem sie mit ihren Rückenaugen die heranhüpfenden Schlammspringer rechtzeitig wahrnimmt, oft noch sichern kann, freilich nicht durch die Flucht, sondern dadurch, daß sie den Körper rasch zusammenzieht und aus gewissen Drüsen, mit denen ihr ganzer Rücken besät erscheint, in Form unzähliger kleiner Kügelchen ein Sekret herausschleudert, das auf die Fischhaut eine unangenehme Wirkung auszuüben scheint, denn der von diesem Sprühregen getroffene Angreifer entfleucht alsbald, und die Schnecke ist gerettet. Jedenfalls ist es sehr auffällig, daß solche Nacktschnecken mit Rückenaugen nur da zu finden sind, wo auch Schlammspringer vorkommen, und daß da, wo diese fehlen, die Onchidien-Arten auch keine Rückenaugen haben. Nicht alle Schlammspringer scheinen in der geschilderten Weise zu leben. Wenigstens fand Hickson am Strande von Celebes eine Art, die den Schwanz immer ins Wasser getaucht hielt, auch wenn sich der Körper außerhalb desselben befand. Haddon untersuchte die Sache später näher und stieß auf die merkwürdige Tatsache, daß dieser Fisch mit seiner entsprechend eingerichteten Schwanzflosse zu atmen vermag, ja so sehr darauf angewiesen ist, daß er mit der regelrechten Kiemenatmung gar nicht mehr auskommen kann. Schon mit einer guten Lupe läßt sich ein überaus lebhafter Blutumlauf in dieser sonderbarsten aller Schwanzflossen erkennen. Also ein erster Ansatz zu der amphibischen

Lebensweise, die dann bei den afrikanischen Formen zu ungleich größerer Vollkommenheit gediehen ist.

Wohl kein Fisch erlangt aber seine Beute auf eine so merkwürdige Weise wie der Schützenfisch (Toxótes jaculátor, Abb. 14) und der Spritzfisch (Chaëtodon rostrátus), jener an den Küsten und in den Flüssen Hinterindens, dieser an denen Javas zu Hause. Wo das Ufer üppigen Pflanzenwuchs aufweist und einzelne Zweige über das Wasser herüberhangen, da nähern sich ihm diese hübschen Fischchen in kleinen Trupps und spähen mit großen, lebhaften Augen begehrlich nach den Fliegen aus, die im Gezweige sitzen. Dann nehmen sie eine bestimmte genau aufs Korn und spritzen plötzlich aus ihrem Maule einen kleinen Wasserstrahl nach ihr, und zwar bis meterhoch und mit so unübertrefflicher Sicherheit, daß das Kerbtier fast regelmäßig getroffen wird, herabfällt und nun schleunigst verzehrt wird. Ging aber der Schuß daneben, so schwimmt der Fisch einigemale aufgeregt und verärgert im Kreise herum, wählt sich einen günstigeren Standpunkt aus und versucht dann sein Weidmannsheil von neuem. Merkwürdigerweise ist der Schießmechanismus dieser Wasserflinten wissenschaftlich noch gar nicht näher untersucht, und man weiß eigentlich nur, daß im Augenblicke des Schießens der Unterkiefer plötzlich vorgestreckt wird, und daß beim Spritzfisch das Maul überhaupt

Abb. 14. Schützenfisch (Toxotes jaculator).

zu einer dünnen Röhre verlängert ist. Es ist dies um so verwunderlicher, als die interessanten Fische nicht nur neuerdings ihren Einzug in die Aquarien unserer Liebhaber gehalten haben, sondern auch schon von altersher in ihrer Heimat vielfach zu Hausgenossen des Menschen gemacht wurden, indem man sich daran ergötzte, ihnen Stäbe mit eingeklemmten Fliegen ins Wasser zu stellen, um die Geschicklichkeit zu bewundern, mit der sie alsbald die Kerfe herabschossen. Beim Spritzfisch, der viel seltener in die Flüsse kommt, wird die Fliegenjagd wohl nur einen Nebenerwerb bilden, denn die schnabelartige Verlängerung seiner Kiefer, die in so sonderbarem Gegensatze steht zu der fast kreisförmigen Gestalt seines Körpers und zu der scharf abgeschnürten Schwanzflosse, weist deutlich darauf hin, daß seine Hauptnahrung in kleinen Schaltieren besteht, die er eben mit diesem Schnabel selbst aus engen und tiefen Höhlungen herauszuholen versteht, wobei ihn seine borstenartige Zahnbildung noch wesentlich unterstützt, denn der einmal erfaßten Beute ist ein Entrinnen nicht mehr möglich.

Beide Arten gehören zu der formenreichen und farbenprächtigen Gruppe der auf die tropischen Meere beschränkten Schuppenflosser, die ihren Namen davon haben, daß das Schuppenkleid bei ihnen auch auf das reich entwickelte Flossenwerk übergreift, namentlich auf Rücken- und Afterflosse, und so den sonst im Fischreiche so scharf ausgeprägten Unterschied zwischen Flossen und Rumpf mehr oder minder verwischt. Es sind durchgängig kleine Fischchen, die zumeist zwischen den Korallenbänken ihr lustiges Wesen treiben und die Korallenstämmchen scharenweise förmlich abweiden, sei es, daß sie die herausschauenden Korallenpolypen selbst verzehren, sei es die ihnen anhaftende Kleinlebewelt oder die auf ihnen wuchernden Algen. Ihnen allen gemeinsam ist ein hoch gebauter, aber seitlich stark zusammengepreßter Rumpf von nahezu Sphäroidform, aus der auch die kleine, sehr bewegliche Schnauze und die kurze, scharf abgesetzte Schwanzflosse kaum heraustreten, während die üppig ausgestalteten anderen Flossen sich ihr sogar unverkennbar anschmiegen. Ist schon der Spritzfisch mit seinen 5 Querbinden und dem netten Pfauenaugenfleck auf der Afterflosse ein sehr hübscher Fisch, so übertreffen seine Verwandten an Metallglanz, Farbenpracht und Eigenart der Zeichnung doch alles, was wir aus dem Reich der Fische kennen. Sie sind die Kolibris des Meeres und schwirren wie diese gaukelnd und farbenschimmernd von Blume zu Blume, sie sind die Paradiesvögel der Korallenwaldungen und verhalten sich als solche lange still, um dann plötzlich ihre Farbenpracht in den wundervollsten Gold- und Silberreflexen aufblitzen, in den lieblichsten Schattierungen aufleuchten und in den kühnsten Zeichnungen auffunkeln zu lassen, sie sammeln alle Farben des Regenbogens, alle Lichter des Prismas und alle Schönheit der kostbarsten Edelsteine in den kristallklaren Fluten Neptuns, bieten dem entzückten Auge immer neue, immer überraschendere und immer glänzendere Farbenzusammenstellungen, zeigen sich stets und überall als eine wahre Farbenorgie der schaffenden Natur im bunten Korallengarten des tropischen Meeres. Keine Feder vermag diese Schönheit zu beschreiben, kein Pinsel sie auch nur annähernd wiederzugeben, und wo ein gottbegnadeter Künstler es doch versucht hat, wird der Laie und überhaupt jeder, der nicht selbst einen Blick in die Herrlichkeit der Tropen werfen durfte, rasch mit dem Urteil fertig sein, daß das doch tolle Übertreibung, daß dergleichen in Wirklichkeit gar nicht möglich sei, daß solch ebenso raffinierte wie unvermittelte Zusammenstellungen von Rosenrot, Himmelblau, Sammetschwarz, Schwefelgelb, Grasgrün und Purpurleuchten auf dem reinsten Gold- oder Silbergrunde doch gar nicht vorkommen könnten, am allerwenigsten in Form so künstlerisch ausgeklügelter Flecken, Bänder, Streifen, Ringe und Augen. Es sind eben die reinsten und glänzendsten Farben, die die Natur überhaupt hervorgebracht hat, und ihre Wirkung wird noch stark erhöht durch die bewunderungswürdige Art und Weise ihrer Verteilung. Die glänzendsten Vögel, die buntesten Schmetterlinge, die schimmerndsten Echsen vermögen damit nicht zu wetteifern. Dazu kommt noch die oft höchst abenteuerliche Entwicklung des Flossenwerkes, das nicht selten in der ungewöhnlichsten Weise verlängert und verzerrt ist, seltsam geformte Stacheln, lang nachschleppende Peitschenschnüre oder aufleuchtende Schwefelfäden aufweist. Es könnte bei all dieser Buntheit in Form und Farbe höchst gewagt erscheinen, auch bei den Schuppenflossern noch von einer Art Schutzkleid sprechen zu wollen, und doch hat man dazu volle Berechtigung. Das Leben im Korallenwalde ist ja an sich schon so bunt, daß einfach gefärbte Geschöpfe darin fast mehr auffallen würden, als lebhaft gezeichnete. Aber der Schutz soll hier auch gar nicht durch eine Anschmiegung an die Farben der Umgebung erreicht werden, sondern

vielmehr dadurch, daß unvermittelt nebeneinander gestellte Bänder oder geometrische Figuren in den lebhaftesten Kontrastfarben die natürlichen Körperumrisse gewissermaßen auflösen, die Form des tierischen Leibes für das Auge verschwinden lassen. Der Naturforscher bezeichnet diese absonderliche, aber oft sehr wirksame Art der Schutzfärbung als Somatolyse und kennt sie z. B. auch aus der Vogelwelt her von den Spechten und von den schönen Hochzeitskleidern gewisser Entenmännchen. Heuglin erzählt uns, daß man zwischen den Korallenriffen zunächst meist nichts sehe als ein mattes Schimmern und ein ungewisses Farbenflimmern, bis es dann plötzlich wie sprühende Funken auseinanderstiebt. Die anmutigen Bewegungen der Flossenschupper im Korallenwalde vergleicht er mit denen der lieblichen Laubsänger im grünen Blättermeere des Buchendoms. Viele Schuppenflosser sind durch ein dunkles Band über Stirn und Augen ausgezeichnet, so der Fahnenfisch (Chaétodon sétifer) des Roten Meeres mit bedeutend verlängertem fünftem Strahl der Rückenflosse und herrlichem Pfauenaugenfleck auf ihr, der Korallenfisch (Ch. flávus) des Indischen Ozeans, tiefgelb mit braunschwarzem Streifen, und der prachtvolle Kaiserfisch (Ch. imperátor) des Stillen Ozeans, der auf veilchenblauem Leibe gelbe, bogige Längsstreifen aufweist und über der Brustflosse einen sammetschwarzen, schwefelfarb umrandeten Flecken. Um noch einige der bekanntesten Arten anzuführen, seien weiter kurz genannt: der Klippfisch (Ch. vitáttus) der ostafrikanischen Gewässer, zitronengelb mit schwarzer Streifung, der Geißler (Ch. macrolepidótus) mit zwei mächtigen Querbinden und langer Peitschenschnur an der Rückenflosse, der Herzogsfisch (Ch. diacánthus) mit azurblauer Zeichnung auf gelbem, Ch. semicirculátus mit silberweißer auf dunkelblauem und Ch. lamárcki mit glühend roter auf hellblauem Leibe. Der Korallenfisch (Scatophágus árgus) erscheint über und über fein getüpfelt (Abb. 15).

Wenigstens eine annähernde Vorstellung dessen, was die Natur an Farbenpracht in der Welt der Fische zu leisten vermag, kann uns auch ein Bewohner des Mittelmeeres geben, nämlich die Seebarbe (Múllus barbátus). Unbeschreiblich schön ist sie mit ihrem leuchtenden Leibe und den prunkvollen Goldstreifen schon im Leben, schöner noch im Sterben. „Nichts Schöneres", ruft selbst der ernste Seneca aus, „als eine sterbende Seebarbe! Sie wehrt sich gegen den nahenden Tod, und diese Anstrengungen verbreiten über ihren Leib das glänzendste Purpurrot, das später in eine allgemeine Blässe übergeht, während des Sterbens die wunderherrlichsten Schattierungen durchlaufend." Die schwelgerischen Römer der Kaiserzeit verzehrten denn auch die von ihnen höher als alle anderen Fische geschätzten Seebarben nie, ohne sich vorher an dem wechselvollen Farbenspiel ihres Todes zu ergötzen. Man legte eigene Wasserleitungen von den Fischteichen bis zu den Lagerpolstern der Gäste, damit diese die herrlichen Fische erst lebend

Abb. 15. Korallenfisch (Scatophagus argus).
(Phot. von Oberl. W. Köhler, Tegel.)

bewundern konnten, worauf die rotgoldenen Barben in den weißen Händen schöner Frauen ihr Leben aushauchen mußten, um dann schleunigst zu sofortiger Zubereitung in die Küche zu wandern. Wenigstens darin lag Sinn, denn kaum ein anderer Fisch steht nach dem Tode so schnell und gründlich ab, wie die feinschuppige Seebarbe. Obwohl sie kaum 2 kg Gewicht erreicht, sind damals doch geradezu wahnsinnige Summen für diesen nach Ansicht der Römer köstlichsten aller Fische bezahlt worden, bis zu 5000, ja selbst 8000 Sesterzen für das Stück. Auch heute noch bildet die Seebarbe ein beliebtes und gern gekauftes Schaustück der italienischen und gelegentlich auch der westenglischen Fischmärkte, und ihr zartes Fleisch soll in der Tat vortrefflich munden. Wer aber weiß, daß diese Barben sich von den ekelsten Abfallstoffen des Meeres ernähren und mit Vorliebe die Leichen der Schiffbrüchigen benagen, wird wenig Appetit darauf verspüren. Die durch eine auffallend hohe Stirn und zwei Bartfäden an der Unterlippe ausgezeichnete, im übrigen schlank und regelrecht gebaute Seebarbe hält sich gewöhnlich auf schlammigem Meeresgrunde auf, den sie mit ihrer stumpfen Schnauze auf der Suche nach etwas Genießbarem nach Schweineart gehörig durchwühlt und dadurch oft weithin das Wasser trübt. Ein hervorragend schöner Bewohner des Atlantik, der sich gelegentlich bis in unsere Gewässer verstreicht, ist der nur 1 kg schwer werdende und ebenfalls ein ziemlich schmackhaftes Fleisch liefernde Lippfisch (Lábrus míxtus), das Weibchen am ganzen Körper prachtvoll zinnoberrot mit wenigen himmelblauen Zeichnuhgen, das Männchen oberseits herrlich dunkelblau. Zur Laichzeit wird dieses wundervolle Gewand noch leuchtender und glühender, ist aber wie bei unserem Stichling augenblicklichem Wechsel und Farbenverschiebungen unterworfen, die von der jeweiligen Gemütsstimmung des Tieres abhängig zu sein scheinen. Liebeswerben verschönt, Eifersucht verhäßlicht ihn. Jenes übergießt seinen Leib mit schimmernden Tinten, dieses mit mißtönigem Grau. Der Fisch ist nämlich ebenso eifersüchtig, rauflustig und kampfwütig wie unser Stechbüttel und soll auch gleich diesem eine Art Brutpflege ausüben. Eine andere Lippfischart, L. maculátus, ist am ganzen Körper prächtig smaragdgrün, wozu eine blaßgelbe Zeichnung kommt. Ihren Namen haben die sich durch Munterkeit und Anmut auszeichnenden Lippfische von ihren sehr beweglichen Wulstlippen, mit denen sie Muscheln von den Meerespflanzen ablesen.

Ein weiteres, in seiner Eigenart höchst wirksames Verteidigungsmittel lernen wir bei dem sonderbaren Igelfisch (Díodon maculátus) kennen. Er hat einen kräftigen Papageischnabel, dessen Kinnladen mit einer elfenbeinartigen, sich je nach der Abnutzung immer wieder ersetzenden Masse überzogen sind, eine sehr große Schwimmblase, gedrungene Gestalt und den ganzen Körper mit spitzen Dornen und Stacheln besetzt. Gerät er in Gefahr, so zieht er hastig Luft ein, füllt damit den ungeheuren, dünngewebigen, die ganze Bauchhöhle einnehmenden Kropf an, während eine den Schlund umgebende Muskelschicht das Entweichen der eingepumpten Luft verhindert, bläst sie so zu einer vollkommenen Kugel auf und wirft sich gleichzeitig auf den Rücken, so daß die Bauchseite an der Wasseroberfläche schwimmt. Dabei gebärdet sich der kleine Kerl wie ein zorniger Truthahn, schwimmt immer im Kreise herum, richtet seine Stacheln drohend auf und ist in diesem Zustande in der Tat fast völlig geschützt gegen jeden Raubfisch. Wo immer dieser zubeißen will, trifft er auf die ihm entgleitende, unverschlingbare Kugel und verletzt sich an den spitzen Stacheln die Lippen, bis er endlich von allen weiteren Versuchen abläßt und davonschwimmt, worauf der Igelfisch unter ver-

Abb. 16. Kugelfisch (Tetrodon fahaka).

nehmlichem Geräusch die eingepumpte Luft wieder ausströmen läßt, seine gewöhnliche Gestalt annimmt und damit auch den Gebrauch seiner Flossen wieder erlangt. Plehn führt einen Fall an, daß ein von einem Hai verschluckter Igelfisch sich durch dessen Magen- und Leibeswand hindurchbiß und unbeschädigt ins Freie gelangte, während der Räuber an den furchtbaren Verletzungen zugrunde ging. Das geschilderte Gaukelspiel ist nämlich durchaus nicht das einzige Verteidigungsmittel des tapferen Igelfisches; er vermag vielmehr auch noch recht empfindlich zu beißen, Wasser von sich zu spritzen, sich plötzlich schlaff zu machen und zu versenken und auch eine tief karminrote Absonderung von sich zu geben, über deren Natur und Wirkung wir allerdings noch völlig im Unklaren sind. Dasselbe

Kunststück wie der Igelfisch bekommen auch die Kugelfische (Tétrodon) fertig, deren eine Art, der Fahak (T. fáhaka), vom Mittelmeer aus in den Nil und seine Kanäle aufzusteigen pflegt (Abb. 16). Obwohl dieses Tier nicht mit einem Stachelpanzer prunken kann, trotzt es in der aufgeblasenen Kugelform doch gleichfalls allen Feinden, denn die Zähne der Raubfische gleiten an dieser glatten Schweinsblase ab, und die Vögel werden sie von oben her eher für eine zusammengewehte Schaumblase als für ein eßbares Lebewesen halten. Nimmt man einen solchen Fisch aus dem Wasser und legt ihn auf die Handfläche, so bemüht er sich ängstlich, immer noch mehr Luft einzupumpen, und tut dabei mitunter des Guten zuviel, so daß er schließlich mit lautem Knall zerplatzt. Die Araberkinder spielen mit diesen merkwürdigen Fischen wie die unsrigen mit den Maikäfern und benutzen die aufgeblasenen und ausgetrockneten Tiere als Bälle oder taten dies doch früher, denn heute werden die Kugelfische als Reiseerinnerung von den Orientfahrern zu gern gekauft und zu hoch bezahlt, als daß sie noch der Schar kleiner, braunhäutiger und schönäugiger Rangen zum Spielzeug dienen könnten. Mit den Igel- und Kugelfischen verwandt ist noch ein anderer höchst sonderbarer Geselle, der plumpe Klump- oder Mondfisch (Móla móla), der sie allerdings an Größe um das Vielfache übertrifft, da er eine Länge von 2½ m und ein Gewicht von mehr als 300 kg erreicht. Das ungeschlachte Ungetüm sieht mit seiner eines richtigen Abschlusses entbehrenden Hinterfront fast aus, als wäre es nur der abgeschnittene Kopf eines noch riesigeren Seeungeheuers. Ein großer Geistesheld kann der schwerfällige, dunkel olivgrün gefärbte Fisch unmöglich sein, denn seine Hirnmasse beträgt nur $^1/_{7000}$ des Körpergewichts und sein Rückenmark stellt nur ein kurzes, kegelförmiges Anhängsel zu diesem Zwerghirn vor. Das rauhhäutige, aber schuppenlose Geschöpf scheint zwar eine weite Verbreitung zu haben, aber doch überall nur selten vorzukommen. Am ehesten trifft man es noch an sonnigen Tagen in seitlicher Schlafstellung auf der Oberfläche des Meeres treibend an. Seiner geringen Beweglichkeit entspricht die Auswahl seiner Nahrung: Meerespflanzen und allerlei niederes Meeresgetier mit geringer Eigenbewegung. So unheimlich dieser schwimmende Kopf also auch aussieht, so harmlos ist er doch, und die Fischer kümmern sich auch nicht viel um ihn, da das Klumpfischfleisch beim Kochen zu einer leimigen Kleistermasse zerfällt und sich deshalb mehr als

Klebemittel, denn als Speise eignet. Den Namen Mondfisch haben sie dem Tiere gegeben, weil es ihrer Behauptung nach bei Nacht einen sanften Mondesglanz ausstrahlen soll. Wahrscheinlich handelt es sich dabei lediglich um anhaftende Leuchtbakterien, wie der Klumpfisch überhaupt in besonders hohem Maße von Parasiten bevölkert wird, denn die anatomische Zergliederung vermochte das Vorhandensein besonderer Leuchtapparate bisher noch nicht nachzuweisen. Wenn Mondfische aus dem Wasser genommen werden, so lassen sie einen eigentümlich stöhnenden Ton hören, von dem man aber noch nicht weiß, wie er zustande gebracht wird.

Abb. 17. Knurrhahn (Trigla hirundo).
(Phot. von Oberl. W. Köhler, Tegel.)

Das bringt uns auf die Lautäußerungen der Fische. Um eine gute Stufe höher als die unbestimmten und jedenfalls unfreiwilligen Töne des Mondfisches stehen die Lautäußerungen des in der Nord- und Ostsee lebenden Knurrhahns (Trigla hirúndo), die auch freiwillig im Wasser zum besten gegeben werden (Abb. 17). Unsere Fischer behaupten sogar, daß bei schwülem Wetter und namentlich vor dem Ausbruch von Gewittern die Knurrhähne scharenweise an die Oberfläche kämen und dann förmliche Knurrkonzerte veranstalteten. Mindestens der erste Teil dieser Behauptung ist richtig, denn es ist an manchen Küsten ein beliebter Sport, solche auftauchende Knurrhähne mit dem Teschin zu schießen, obwohl ihr trockenes Fleisch nicht viel wert ist. Erzeugt werden solche Töne durch das Aneinanderreiben der Kiemendeckelknochen oder verschiedener harter und nervenreicher Muskeln in der Wand der verhältnismäßig sehr großen Schwimmblase, die zugleich als wirksamer Resonanzboden dient, so daß eine ganze Tonstufe zustande kommt, die zwischen dem behaglichen Schnurren einer Hauskatze und hell quiekenden Tönen auf und nieder führt und es begreiflich erscheinen läßt, wenn schon Aristoteles von einem „Meerkuckuck" sprach und unsre Fischer von „Meerpapageien" erzählen. Auch sonst ist der Knurrhahn ein recht interessanter Fisch. Schon der groteske, fast viereckige Dickkopf mit dem zahnstarrenden Froschmaul und den durch Panzerplatten geschützten Glotzaugen, der feinschuppige, nach hinten zu jäh kegelförmig zugespitzte Rumpf mit dem schmächtigen Hinterleibe, die prächtige Rosafärbung des Bauches und die mächtig entwickelten, fast an die Flügel von Nachtschmetterlingen erinnernden Brustschuppen vereinigen sich zu einem Gesamtbilde von höchster Eigenart. Das merkwürdigste aber sind je drei lange, fingerartig gegliederte Anhängsel vor den Brustflossen, die es dem Tiere ermöglichen, auf dem Meeresgrunde fortzukriechen, ja förmlich zu gehen, wobei der Hinterleib etwas in die Höhe gehoben wird und seitliche Bewegungen der roten Schwanzflosse nachhelfen. Im Schwimmen sieht dieser Fisch hochelegant aus, denn es gleicht einem Fliegen im Wasser, indem die großen, blauen, metallisch schimmernden Brustflossen wie Flügel abwechselnd ausgebreitet und zusammengelegt werden. Sie ermöglichen es dem Knurrhahn, der ja mit seiner artenreichen Sippe der nächste Verwandte der bekannten tropischen Flughähne ist, sich auch für kurze Strecken aus dem Wasser in die Luft zu erheben, und wirken dann beim Herablassen als Fallschirme.

Wenn auch im allgemeinen das Sprichwort „Stumm wie ein Fisch" heute noch zu Recht besteht, so hat es doch im Laufe der Zeit schon mancherlei Einschränkungen erfahren, und fast steht zu erwarten, daß wir uns in dieser Beziehung in Zukunft auf noch größere Überraschungen gefaßt machen dürfen. Können wir ahnen, welche Offenbarungen der Meeresgrund noch für uns birgt, sobald wir nur einmal gelernt haben, unser Ohr und unsere anderen Sinne dort unten frei und ungehindert zu gebrauchen! Sollte im dunklen Meeresschoße wirklich nur unentwegt das eisige Schweigen des Todes herrschen, gibt es nicht vielleicht auch für diese abgeschlossene Tierwelt ein Singen und Klingen, dessen Tonfülle teilnimmt an der großen, ewig-schönen Symphonie der Natur? So viel wissen wir wenigstens heute schon sicher, daß es auch lustige Musikanten unter dem Volk der Fische gibt, Orgelspieler, Leiermänner, Pfeifer, Raßler, Grunzer und Trommler. Fischer, die das Ohr auf den Rand ihres Bootes legen, können bisweilen ganz deutlich diese Fischkonzerte aus Tiefen von 10—12 m herauftönen hören. Am besten ist das Trommlerkorps ausgebildet. Es sind stattliche, barschartig gebaute Burschen, diese Trommelfische (Pogónias chrómis), die namentlich in den verschiedenen Teilen des Atlantik zu Hause sind. Die erzeugten Töne klingen bei den einzelnen Arten verschieden. Mit dem Klange einer Orgel oder Harmonika, selbst mit einem Orchester von Bässen und Cellis, am passendsten aber wohl mit dem Klange von Maultrommeln hat man sie verglichen. Die Laute der einzelnen Fische würden für das menschliche Ohr wohl verloren gehen, aber die Gesamtheit vieler gibt ein Gelärm von nicht zu beschreibender Eigenart, ein stundenlang ununterbrochenes, dumpfes, schier unheimlich anmutendes Getrommel, durchsetzt von hellerem Gurgeln und Glucksen. „Es besteht", so schreibt Pechuel-Loesche, „keine Spur von Ähnlichkeit mit Glocken- oder Harfenklängen, und doch sind die Laute wunderbar genug. Will man sie recht scharf unterscheiden, so muß man das Ohr fest an den Schiffsbord drücken. Besser ist es, im Boote ein breites Ruder ins Wasser zu senken und das freie Ende mit den Zähnen zu beißen, am besten vom Boote aus gleich den Kopf bis über die Ohren ins Meer zu tauchen, rückwärts natürlich, um atmen zu können. Da vernimmt man dann in der dunklen Flut ein allseitig wirr durcheinander gehendes Knurren und Murksen, mit einem leichten Knirschen und Knarren vermischt." Die Trommel der geschuppten Musikanten ist nichts anderes als ihre merkwürdig verzweigte und durch Zwischenhäute in verschiedene Kammern geteilte Schwimmblase, in die Luft eingepumpt wird, wodurch die durchlöcherten Trommelfelle in Schwingungen versetzt werden und die verschiedenartigen Töne zustande kommen. Zu diesem Zwecke sind auch besondere Trommelmuskeln von auffallend roter Färbung am Unterleibe eingelagert, die rasche Zusammenziehungen und Ausdehnungen der Schwimmblase bewirken können. Da sich dabei natürlich auch das spezifische Gewicht des Fisches verändert und sein Schwerpunkt sich verrückt, so gerät der Tonkünstler ganz von selbst in tanzende Bewegung. Ein Tanzliedchen zur Minnezeit im dunklen Meeresschoße! Ja, wenn Fische reden könnten! Der Umstand, daß bei vielen Arten nur die Männchen Trommelorgane besitzen, weist darauf hin, daß die Töne in irgendwelchen Beziehungen zum Geschlechtsleben stehen müssen, also vielleicht Trommelständchen darstellen, die der verliebte Fisch seiner Auserkorenen darbringt. Wahrscheinlich werden die erzeugten Lautäußerungen doch auch irgendwelchen Zweck haben, und die Vermutung liegt nahe, daß sie der gegenseitigen Verständigung dienen. Sicherlich darf man aber aus beiden Mutmaßungen die Folgerung ableiten, daß diese Fische auch ein gewisses, wenn auch modifiziertes Hörvermögen besitzen müssen, denn sonst hätten ja die Trommelkonzerte gar keinen Sinn. Von dem 2 m lang werdenden und seines schmackhaften Fleisches halber hochgeschätzten Adlerfisch (Sciaéna áquila) behaupten die Fischer, daß sie seinen Gesang selbst noch aus Tiefen von 50 m vernehmen und dadurch die Standplätze dieses scheuen und schwer zu fangenden Raubfisches feststellen könnten. Prinz Bonaparte nennt das laut tönende Geräusch, das ein schwimmender Trupp dieser kraftvollen Fische hören läßt, „fast eine Art Brüllen".

Auch das Fortpflanzungsgeschäft der Seefische bietet dem denkenden Beobachter eine Fülle hochinteressanter Ausblicke, zumal verschiedene Formen der aufopferungsvollsten Brutpflege bei diesen als kaltblütig und teilnahmslos verschrieenen Geschöpfen weit häufiger vorkommen, als sich der Laie träumen läßt. Meist ist freilich das Männchen derjenige Teil, dem die Sorge um die Bewachung, Verteidigung und Aufzucht der Nachkommenschaft zufällt. So legt das Weibchen des Seeteufels seinen Rogen an Felsen ab, und das Männchen setzt sich dann bis zur völligen Reife der Eier so fest und ausdauernd auf sie, daß in dem Eierhaufen ein Abdruck seiner Unterseite verbleibt; die kleinen Zähnchen auf der Innenseite seiner Bauchflossen dienen wahrscheinlich zum Festhalten der Eier. Der Lump oder Seehase (Cyclópterus lúmpus, siehe Abb. 10, Fig. 7), der zur Laichzeit einen rotgefärbten Bauch bekommt, setzt die Eier unter Klippen ab, wo sie dann das Männchen nach geschehener Befruchtung mit der Schnauze fest gegen das Gestein drückt und sich selbst daneben verankert, um den hoffnungsschwangeren Schatz zu bewachen. Erleichtert wird ihm sein Amt dadurch, daß das die Eier umhüllende Sekret bald verhärtet und so den Rogen festhält. Fremdkörper, die das Wasser zwischen die Eier treibt, fängt der Lump mit dem Maule auf und schafft sie fort. Gegenüber solchen Geschöpfen aber, die sich mit Raubgelüsten nahen, versteht der Lump keinen Spaß, sondern greift sie tapfer an und scheut selbst einen Kampf mit dem grimmen Seewolf nicht, den er durch wütende Bisse oft genug in die Flucht schlägt. In der biologischen Anstalt auf Helgoland wurde ein Beobachter des brutpflegenden Fisches von ihm derart in den Finger gebissen, daß Blut floß. Sind die Jungen endlich glücklich ausgeschlüpft, so heften sie sich auf dem Rücken des besorgten Vaters fest, und dieser trägt nun die teure Bürde zufrieden nach tieferen und sichereren Gründen. Der hochrückige, dickköpfige und breitmaulige Seehase mit der klebrigen, knotenbesetzten Haut ist aber auch noch in einer anderen Beziehung merkwürdig. Die brustständigen Bauchflossen sind nämlich zu einer Scheibe verschmolzen, die als Schröpfkopf wirkt, so daß sich der Fisch, der ein ebenso träger wie schlechter Schwimmer ist, damit an beliebigen Gegenständen festsaugen kann, selbst an glatten Glasscheiben, und zwar so innig, daß nach den Berechnungen von Hannox 36 kg Gewicht erforderlich sind, um einen 20 cm langen Seehasen wieder loszureißen. Faul liegt das auch in der Nord- und Ostsee häufige Tier so wochenlang vor Anker und wartet geduldig, bis der Zufall etwas Genießbares an seinem gefräßigen Maule vorüberführt. Die jungen Seehasen sind zwar sehr klein, aber doch schon recht vierschrötig gebaut, von grasgrüner Farbe, und folgen ihrem Vater wie Kücken der Henne. Droht Gefahr, so saugen sie sich auf dem Rücken und an den Seiten ihres Beschützers fest und lassen sich von ihm davontragen. Das weichliche und wässerige Fleisch des Seehasen wird bei uns nur wenig gegessen; anders ist es aber in nordischen Ländern. Eine ähnliche Lebensweise wie der Lump führt die Meergrundel (Góbius níger), einer unserer gemeinsten Seefische, zeichnet sich aber zugleich als vorzügliche Nestbauerin aus. Auch sie vermag sich mit den zu einer Saugscheibe verwachsenen Bauchflossen an Steinen und dergleichen festzusaugen und tut das im Aquarium auch an der Glasscheibe, durch die sie dann den Beobachter anstarrt. Nach Eintritt der Ebbe finden sich immer viele Grundeln in den zurückbleibenden Tümpeln und werden dann von der Jugend mit Handnetzen herausgefischt, soweit sie nicht den Möwen und Krähen zum Opfer fallen.

Eine Grundelart benutzt nach den Beobachtungen Marshalls zur Nestanlage die eine Klappe einer abgestorbenen Herzmuschel. Sie legt diese mit der hohlen Seite nach unten, entfernt den Sand unter ihr, schmiert die Höhlung der Muschelschale mit ihrem eigenen Körperschleim aus und streut lockeren Sand über das Ganze, um die Schale so zu beschweren, daß sie an Ort und Stelle bleibt. Zuletzt scharrt sie einen kurzen Gang in den Sand, der in den Hohlraum unter der Muschelschale führt. Alle diese Arbeiten verrichtet allein das Männchen. Erst wenn das Bauwerk nahezu fertig ist, erscheint das Weibchen und legt seine Eierchen hinein, die vom Männchen wacker bewacht werden und nach 8—9 Tagen die Jungen entschlüpfen lassen. Für die Fischerei haben die nur 20 cm langen Meergrundeln keine Bedeutung. Dies gilt auch vom Seeskorpion (Cóttus scórpius), obwohl er beträchtlich größer wird. Nicht gerade zur Freude unserer Fischer findet er sich oft massenhaft in ihren Netzen. Nur die Leber wird gelegentlich verzehrt, das Fleisch gilt als ungenießbar und findet höchstens als Angelköder Verwendung. Überdies fürchten die Fischer den Stich des häßlichen Fisches, während dieser für den Forscher dadurch von Interesse ist, daß seine sehr wechselnde Färbung bei aller scheinbaren Auffälligkeit eine weitgehende Anpassung an den steinigen Meeresgrund darstellt (Abb. 18).

Höchst eigenartige Formen der Brutpflege finden wir bei den bekannten Seepferdchen (Hippocámpus antiquórum, s. Abb. 10, Fig. 8), diesen lebenden Skeletten, die dem Springer im Schachspiel so ähnlich sehen, auf den ersten Blick so wenig Fischartiges haben und in den Seewasseraquarien durch ihr absonderliches Aussehen, die bestechende Anmut ihrer Bewegungen, ihr lautloses Auf- und Niederschweben, ihr lebhaftes Spielen und durch die seltsame Beweglichkeit des nach vorn eingerollten Schwanzes immer zuerst die Aufmerksamkeit der Besucher auf das von ihnen bewohnte Becken lenken. Schade nur, daß sich die zarten Geschöpfchen im engen Gewahrsam so schlecht halten, denn sonst wären wir wahrscheinlich über ihre Lebensweise besser unterrichtet, als es heute trotz ihrer Häufigkeit der Fall ist. Das verknöcherte Aussehen des Tieres kommt daher, daß die Haut keine Schuppen führt, sondern mit Knochenplatten ausgelegt ist. Das Flossenwerk hat eine starke Verminderung erfahren. Während die Bauchflossen ganz fehlen, sitzen die Brustflossen am Kopfe hinter der Schnauze, da, wo man die Ohren vermuten sollte. Zur Fortbewegung tragen sie nur wenig bei, sondern diese wird fast ausschließlich durch die einzige Rückenflosse bewirkt, die ganz nach Art einer Dampferschraube arbeitet und das Tier mit einer gewissen feierlichen Langsamkeit durch die Fluten treibt. Das Seepferdchen ist ein schlechter und unbeholfener Schwimmer und wird deshalb oft von den Wogen an den Strand geworfen, wo man dann den kleinen, vertrockneten Leichnam findet und als Andenken an den schönen Aufenthalt im Nordseebade mit nach Hause nimmt. Der gewöhnliche Aufenthalt der Seepferdchen ist zwischen Seegräsern und Tangen,

Abb. 18. Seeskorpion (Cottus scorpius).
(Phot. vom Oberl. W. Köhler, Tegel.)

wo sie auch ihre aus allerhand winzigem Getier bestehende Nahrung finden. Ausruhend legen sie sich an den Wasserpflanzen vor Anker, indem sie deren Stengel mit ihrem putzigen Schwänzchen umwickeln, das sie also in ganz ähnlicher Weise gebrauchen wie die Kletteraffen ihren Rollschwanz. Gewiß sind die Seepferdchen in ihrer steifen Haltung und mit dem possierlichen, starren Gesichtsausdruck höchst niedliche Tierchen, aber von besonderer Klugheit, von der die älteren Naturgeschichtsbücher fabeln, kann keine Rede sein, ihr ganzes Gebaren atmet vielmehr Eintönigkeit und Langeweile. Allerdings spielen sie ganz hübsch miteinander, umwickeln sich gegenseitig mit den Schwänzen, was aber auf rein mechanische Berührungsreize zurückzuführen sein dürfte, und zur Fortpflanzungszeit scheint es sogar zum Austausch gewisser Zärtlichkeiten zwischen den verliebten Paaren zu kommen. Das Weibchen klebt seine Eier auf den Bauch des Männchens, das sie hier befruchtet, worauf dann die Oberhaut von beiden Seiten her über sie hinwegwuchert und sie in eine schützende Tasche so lange einschließt, bis die Jungen entschlüpfen, die sich zunächst still verhalten, später aber durch ihre Unruhe dem Vater lästig fallen, so daß er sich ihrer zu entledigen sucht und sie durch eigentümlich knickende Körperbewegungen zur Bruttasche hinaus befördert. Sie sind dann etwa $\frac{1}{2}$ cm lang. Die Weibchen sind bei diesen Fischen merkwürdigerweise stets lebhafter und auffallender gefärbt als die Männchen. Also auch das Hochzeitskleid hat der gutmütige, offenbar stark unter dem Pantoffel stehende Gemahl seiner Holden überlassen. Übrigens ist den Seepferdchen auch ein nicht unbeträchtliches Farbwechselvermögen eigen, und noch in anderer Beziehung erinnern sie an die Chamäleons, indem sie nämlich jedes ihrer wunderlichen Gespensteraugen unabhängig vom anderen bewegen können. Ganz ähnliche Brutverhältnisse hat auch die ihrem Namen entsprechend lang und dünn gebaute Seenadel (Syngnáthus acus) aufzuweisen. Auch hier trägt das Männchen die Eier bis zu ihrer völligen Entwicklung in einer aus zwei fleischigen Längsfalten gebildeten Bauchtasche mit sich herum, die später eine Klappe zur Entlassung der jungen Fischchen öffnet. Man hat auch behauptet, daß die kleinen, frei herumschwärmenden Seenadeln während ihrer ersten Lebenszeit bei Gefahr in die Bauchtasche des Vaters zurückflüchteten wie die jungen Kängu-

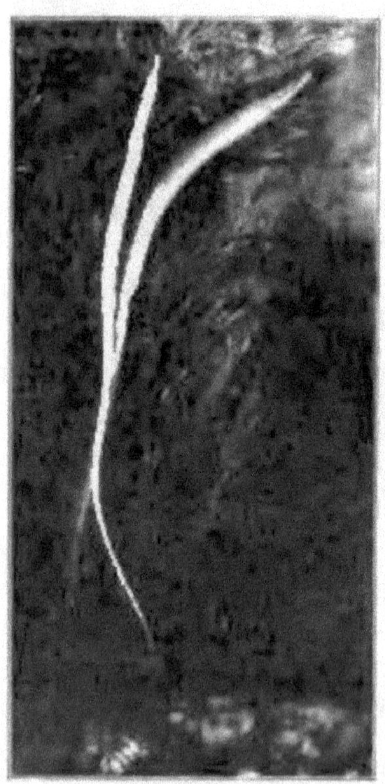

Abb. 19. Schlangennadel (Nerophis aequoreus) (links Männchen mit Eiern.) (Phot. von Oberl. W. Köhler, Tegel.)

ruhs in den Brutbeutel ihrer Mutter. Nachgewiesen ist das aber nicht. Bei der ungepanzerten und deshalb mehr wurmartig aussehenden Schlangennadel (Nerophis aequoreus) kommt es überhaupt nicht zur Bildung des Brutbeutels, sondern die Eier bleiben lediglich in 2—3 Reihen dem Bauche des Männchens angeklebt (Abb. 19). Auch der Seestichling (Gastrósteus spináchia) gehört gleich seinem allbekannten Vetter aus dem Süßwasser zu den Brutpflege treibenden Arten. Er legt seine Nester im Algengewirr an, ist beträchtlich größer

Abb. 20. Seestichling (Gastrosteus spinachia).
(Phot. von E. Stender, Hamburg.)

als der Stechbüttel und besitzt 16 freie Rückenstacheln (Abb. 20). Merkwürdigerweise soll er in Einehe leben und auch das Weibchen am Brutgeschäft sich beteiligen.

Die allergrößten Wunder des Fischreiches aber birgt die Tiefsee, und in ihrem geheimnisvollen Schoße harren noch unzählige Rätsel des menschlichen Forschergeistes. Noch bringt aus ihr jede Forscherfahrt neue Formen mit heim, und sie alle bergen eine Unzahl neuer Ausblicke, eine überraschende Fülle wertvollster Anregungen. Nirgends hat die schöpferische Natur so schrankenlos in der launenhaften Hervorbringung absonderlicher, verzerrter, einseitiger und abenteuerlicher Formen geschwelgt wie gerade hier, und auch die kühnste Phantasie des schwärmendsten Künstlers vermöchte Gleiches oder auch nur Ähnliches nicht zu schaffen. Schier ratlos steht der Systematiker dieser erdrückenden Menge gänzlich von einander abweichender Formen gegenüber, und der Biologe weiß nicht, an welchem Ende er diese Flut von Rätseln zuerst anpacken soll. Was heute mühsam genug aufgeklärt erscheint, wird morgen durch neue, noch seltsamere Entdeckungen wieder über den Haufen geworfen. Die verwirrende Mannigfaltigkeit der Formen läßt sich oft zurückführen auf die einseitige Bevorzugung und Ausbildung bestimmter Organe, die bei verwandten Formen wieder verkümmert und durch die Umbildung anderer ersetzt sind, wie ja die Natur oftmals den gleichen Zweck auf die verschiedenste Weise zu erreichen weiß. So

Abb. 21. Tiefseefisch (Stomias boa).

kennen wir Tiefseefische mit gewaltigen Glotzaugen, die bei anderen zur Größe von Stecknadelköpfen zusammengeschrumpft sind und bei nicht wenigen überhaupt fehlen. Diese werden aber für ihre Blindheit durch mächtige Fühler entschädigt, die oft doppelt so lang sind als der ganze Körper. Der Großschweif (Gigantúra chúni) hat röhrenförmige Teleskopaugen mit geteilter Netzhaut; dabei hat die Hauptretina ein wohlentwickeltes Sehvermögen, während die Nebenretina als ein vorzüglicher Signalapparat, als ein „Sucher“ aufgefaßt werden muß. Bei dem wurmförmigen Stylophthálmus paradóxus stehen die Augen auf fabelhaft langen und dünnen Stielen, die sich erst im Laufe des Larvenlebens allmählich entwickeln. Das eherne Gesetz des Fressens und Gefressenwerdens, das fast überall die Gestaltung der Fischwelt beherrscht, kommt nirgends so scharf und unerbittlich zum Ausdruck, wie in der scheinbar recht stillen und friedlichen Tiefsee, die in Wirklichkeit von einem fürchterlichen und erbarmungslosen Kampfe ums Dasein durchtobt wird. Hier sind so schaudererregende Hechelgebisse am Platze, wie sie der Schwarzfisch (Melanocétus kréchi) in seinem breiten Froschmaule führt, oder Stomias boa (Abb. 21) in seinem Riesenschlangenkopf, hier kann es zur Bildung von Tieren kommen, die, wie das Großmaul (Macrophárynx) oder wie Eurypharynx pelecanoides (Abb. 22) mit dem Pelikanschnabel, eigentlich nur noch aus einem riesenhaften Rachen mit etlichen unbedeutenden Anhängseln zu bestehen scheinen, oder bei denen ein gewaltiger, höchst ausdehnungsfähiger Magensack alle anderen Organe in den Hintergrund drängt. Dies ist z. B. bei Melanocétus johnsóni der Fall, und infolgedessen kann dieses Fischchen

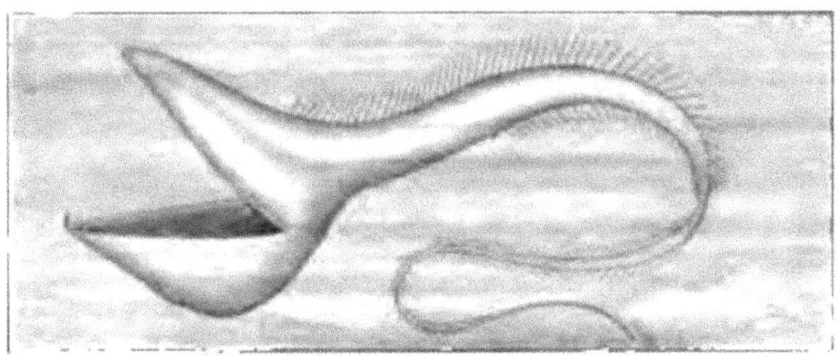

Abb. 22. Tiefseefisch (Eurypharynx pelecanoides).

Tiere verschlingen, die es an Körpergröße gut um das Doppelte übertreffen. Zu ihrer Herbeilockung trägt es über der Schnauze noch eine lange Angelrute, in deren Spitze ein Leuchtorgan sitzt. Gegenüber solchen Untieren darf ein nach Art des Cerátias uranóscopus gebauter Tiefseefisch (Abb. 23) wohl als eine ausnehmend reguläre und anmutige Erscheinung gelten.

So außerordentlich verschieden und mannigfaltig auch Form und Lage solcher Leuchtkörper sind, so sind sie histologisch nach den schönen Untersuchungen Brauers doch ausnahmslos zurückzuführen auf mit Sekretkörnern angefüllte Drüsenzellen, die als die eigentlichen Lichterzeuger anzusehen sind, während alle übrigen Bestandteile der Leuchtorgane nur nebensächliche Bedeutung haben, so der Pigmentmantel und der Reflektor, deren Rolle ja ohne weiteres kenntlich ist, wie auch gewisse lichtbrechende Teile des Innenkörpers aller Wahrscheinlichkeit nach als Linsen wirksam sein dürften. Meist sind die Leuchtdrüsen geschlossen, und der Leuchtvorgang verläuft demgemäß intrazellulär (zwischenzellig). Aber es gibt auch Leuchtdrüsen (z. B. bei den Gonostomiden), die unmittelbar ins Wasser ausmünden, und wo der Leuchtvorgang erst einsetzt, sobald das Drüsensekret mit dem Wasser in Berührung kommt, so daß es sich hier unbedingt um einen rein chemischen Vorgang handelt, der deshalb auch noch nach dem Ableben des Tieres vor sich gehen kann. Solche Geschöpfe verfügen also über hochmodern ausgerüstete Scheinwerfer, deren sie sich zum Erkennen und Anlocken von Beutetieren

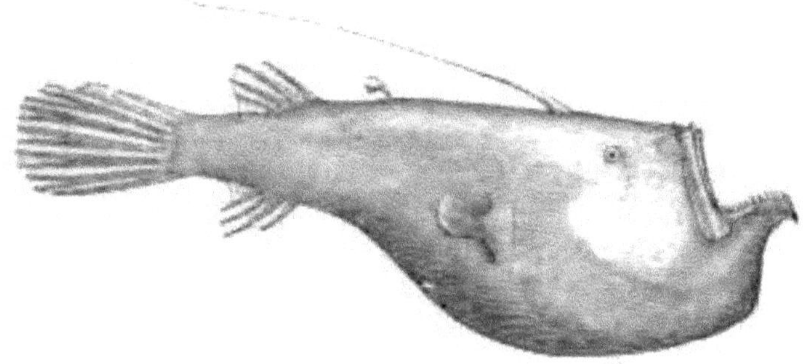

Abb. 23. Tiefseefisch (Ceratias uranoscopus).

wie auch zur Abschreckung von Feinden bedienen, wobei aber noch dahingestellt werden muß, ob die Lichterzeugung vom Willen des Tieres abhängig ist oder nicht. Die vielfach vorhandenen Vorrichtungen zum Abblenden machen eigentlich das erstere wahrscheinlicher. Außer diesen eigentlichen Leuchtorganen sind aber bei Tiefseefischen nicht selten noch andere, kleinere, zu Hunderten und Tausenden über den ganzen Rumpf zerstreut, die offensichtlich eine andere biologische Bedeutung haben müssen. Brauer und andere Forscher neigen der Ansicht zu, daß diese oft zu hübschen Mustern angeordneten Organe ein vielfarbiges Licht aussenden, mithin in ihrer Gesamtheit die charakteristische Zeichnung des Tieres darstellen und somit dieselbe Rolle spielen wie die Pigmente oder Farbstoffe bei den im Bereich des Sonnenlichtes lebenden Tieren. Biologisch würden sie demgemäß zum Erkennen der Artgenossen und zum gegenseitigen Aufsuchen der Geschlechter dienen. In schönster Übereinstimmung mit dieser Auffassung steht die Tatsache, daß sie sich nur bei solchen Tiefseefischen finden, die mehr vereinzelt leben und große Strecken durchschwimmen, während sie bei den seßhaften Grundfischen und gesellig lebenden Arten als überflüssig nicht zur Ausbildung gelangen. Etwa ein Fünftel aller Tiefseefische ist im Besitze von Leuchtorganen, und zwar nimmt deren Leuchtvermögen mit zunehmender Meerestiefe wieder ab, woraus Brauer folgern möchte, daß sie sich in der Dämmerungszone ausgebildet haben und hauptsächlich für diese kennzeichnend sind.

Die Farben, Sehwerkzeuge, Leuchtlaternen und phosphoreszierenden Organe der Fische in den verschiedenen Meeresschichten stehen offenbar im engsten Zusammenhange mit der Verteilung und dem Hinabreichen der Sonnenstrahlen ins Meereswasser. Es ist also im Meere eine unverkennbare, wenn natürlich auch Übergänge aufweisende Trennung der Fauna nach Tiefenschichten und in engster Abhängigkeit von den Belichtungsverhältnissen durchgeführt. Außerdem haben aber auch die Tiefseefische noch ihre geographische Verbreitung, denn die Annahme wäre grundfalsch, daß etwa in den tieferen Wasserschichten annähernd gleiche Verhältnisse herrschen und deshalb auch ihre Bewohner mehr oder minder gleichmäßig über den ganzen Meeresboden verbreitet seien. Vielmehr gibt es auch in der Tiefsee verhältnismäßig eng begrenzte faunistische Bezirke mit scharfen Schranken in Temperatur, Salzgehalt, Nahrungsverhältnissen und Bodenbeschaffenheit, die dem Ausdehnungsbestreben und der Vermischung der einzelnen Arten Grenzen setzen. Die auffallende Tatsache, daß manche Tiefseefische an beiden Polen vorkommen, ist wohl dahin zu erklären, daß diese Formen ursprünglich wärmeren Gegenden entstammen und beim Übergang ins kältere Gebiet, sei es nach diesem, sei es nach jenem Pole hin, durch gleiche Einflüsse auch die gleiche Umbildung erfuhren.

Sachregister.

Die mit einem Sternchen (*) bezeichneten Ziffern verweisen auf eine Abbildung im Text.

www.ingramcontent.com/pod-product-compliance
Lightning Source LLC
Chambersburg PA
CBHW021717210326
41599CB00013B/1679